Scratch少儿编程

入门零基础自学

刘伟康◎著

化学工业出版社
·北京·

内 容 简 介

Scratch是由麻省理工学院（MIT）媒体实验室的“终身幼儿园团队”开发的图形化编程软件，已然成为全球儿童与编程初学者的首选。它在简化编程复杂性的同时，激发了无数孩子的创造力与逻辑思维，引领他们在玩乐中领悟编程精髓。

本书承袭并优化ScratchJr课程设计风格，以三种独特的编排方式构建循序渐进的学习路径，并通过一个个编程作品，助力孩子们从零基础起步，掌握使用Scratch编程的知识与技能，打造精彩的作品，梳理编程思维，洞悉编程的意义。

书中涵盖大量丰富多彩的项目案例，包括充满乐趣的游戏、生动有趣的动画，以及富有创意的工具等，共计16个作品。这些案例不仅能让孩子们更好地理解编程概念，更能激发其创造力与想象力。在完成项目的过程中，孩子们将充分体验编程的乐趣与成就感。

本书在讲解编程知识技能的同时，注重培养孩子们的编程思维，强调提升解决问题的能力，促进思想情感表达，实现创意想法，帮助孩子们探索作品设计的一般方式，引导孩子们思考如何借助工具解决生活中的实际问题。让孩子们通过动画、游戏传递个人情感，并且凭借编程将脑海中的创意变为现实，从而培养独立思考与创新能力。

为满足孩子们的学习需求，本书提供了丰富的配套视频教程，方便孩子们随时随地观看学习，所有程序和素材也已为孩子们准备就绪。

无论是编程世界的新手，还是渴望提升编程技能的爱好者，本书都将为你开启一场充满乐趣与挑战的编程之旅，一同用Scratch编程创造属于自己的精彩世界吧。

图书在版编目（CIP）数据

Scratch少儿编程入门零基础自学 / 刘伟康著. 北京 : 化学工业出版社, 2025. 1. -- ISBN 978-7-122-46693-8

Ⅰ. TP311.1-49

中国国家版本馆CIP数据核字第2024XW4992号

责任编辑：潘　清　　　　封面设计：异一设计
责任校对：赵懿桐　　　　装帧设计：盟诺文化

出版发行：化学工业出版社（北京市东城区青年湖南街13号　邮政编码100011）
印　　装：中煤（北京）印务有限公司
710mm×1000mm　1/16　印张15　字数315千字　2025年1月北京第1版第1次印刷

购书咨询：010-64518888　　　　售后服务：010-64518899
网　　址：http://www.cip.com.cn
凡购买本书，如有缺损质量问题，本社销售中心负责调换。

定　　价：99.00元

前　言

在当今这个科技飞速发展的时代，人工智能以惊人的速度改变着人们的生活。未来，人工智能的应用将更加广泛，而编程作为与人工智能紧密相关的技能，也将变得至关重要。未来的世界需要人人会用编程、人人能够进行创作，编程已然成为人人必备的技能之一。

Scratch编程在儿童编程教育中占据着独特而重要的地位。它以直观的图形化界面和丰富的创意空间，为孩子们提供了一个充满乐趣与挑战的编程学习平台。无须复杂的语法记忆，孩子们就能轻松地将自己的创意变为现实，极大地激发了他们对编程的热爱和探索欲望。

一直以来，我都对少儿编程充满热爱。在教育教学过程中，我常常运用Scratch编程制作一些生动有趣的案例，比如油水分离实验、图像编码实验、汉诺塔等。这些案例不仅可以让孩子们更好地理解科学知识，也让他们感受到了编程的魅力。然而，我发现孩子们在学习编程的过程中，往往只注重编程知识和技能的掌握，却忽略了为什么要用编程、什么时候用编程，以及怎么用编程。因此，我写作这本书的目的，就是希望能从丰富的案例入手，帮助孩子们重塑编程学习方式。在学习编程知识技能之外，培养孩子们的逻辑思维和创新能力，为他们未来的学习和发展奠定坚实的基础。

为了写作这本书，我考察了众多书籍，阅读了不少论文，力求打造一本适合儿童快速入门、快速成长的书。站在前人的肩膀上，我吸收了许多优点，让这本书能够尽快与大家见面。

本书以提高信息科技核心素养为导向，构建了以问题解决、表达、创造为内核的循序渐进的课程，从基础知识技能入手，逐步引导孩子们进行综合运用，最后提升到思维拓展。低门槛、零基础的设计可以让孩子们能够快速入门，接着通过融合学科进行多种创作，拓宽知识领域，最后挑战高难度编程任务，实现思维的拓展。书中包含16个精美的原创案例，涵盖动画、故事、游戏和工具等多种类型。孩子们在完成这些项目的过程中，将体验到编程的乐趣和成就感。通过学习本书，孩子们不仅能够掌握编程技能，还能在日常生活和学习中学会运用编程解决问题，表达自己的想法和创造新的事物。

本书共分4部分，采用3种不同编排方式，环环相扣，为儿童提供科学学习路径。第一部分Scratch初探，带领孩子们了解Scratch的起源、重要性及学习方法，指导他们了解软件的安装、熟悉界面与基本操作，为编程之旅筑牢基础。第二部分编程基础学习，深入探讨Scratch的8个基础模块——运动、外观、声音、事件、控制、侦测、运算和变量，每个模块搭配3个小任务，通过精心设计的迭代任务，让孩子们快速掌握编程基础知识。第三部分综合应用，通过8个综合案例，引导孩子们运用Scratch创作游戏、动画、故事和音乐，展示编程技能与多学科知识的融合，开拓编程在学科领域的应用。第四部分编程思维提升，完成前述的内容学习后，这部分将带领孩子们从案例中总结规律，掌握作品设计方法论。通过两个实战任务，展示从需求分析到程序分享的完整开发流程，帮助孩子们领悟编程的深层意义。为提升学习体验，本书配备了精心制作的视频课程与丰富的案例素材库，确保孩子们在每个学习阶段都能获得充分支持与灵感。

对于较小的读者，学习难度会越来越大，可以根据自身的时间与学习能力适当调整进度，在老师、家人的帮助下，在和同学们的讨论中逐步进行。编程或许充满挑战，但别怕犯错。在此过程中，需要不断尝试、学习与成长。每一次成功与失败皆是宝贵的经验。衷心希望通过阅读本书，你能爱上编程，享受其带来的乐趣与成就感。未来，愿你用编程力量创造属于自己的精彩世界，成为科技时代的创新者与引领者。

感谢出版社和编辑团队的辛勤付出，他们的专业素养与敬业精神让本书得以顺利出版。因作者水平有限，编写过程中难免存在不足之处，若对本书有疑问或建议，欢迎批评指导！

著者

2025年1月

目　录

第一章　初识Scratch

哇！Scratch！

学习目标

- 了解Scratch是什么。
- 了解Scratch有什么用。
- 了解如何学习Scratch，制订自己的Scratch学习计划。

Scratch是什么？

Scratch是一款专为儿童和编程初学者设计的图形化编程工具，由麻省理工学院的“终身幼儿园团队”开发，从2007年Scratch 1.0发布至今，它已走过17个年头。Scratch使用图形化的编程块来代替传统的文本代码，每个编程块代表一个编程命令或功能，例如移动角色、播放声音、改变颜色等。只需运用鼠标轻松拖动各种功能各异的代码块，就能随心所欲地创建出丰富多彩的动画、引人入胜的故事、妙趣横生的游戏等精彩作品。

Scratch作品

Scratch提供了丰富的角色、背景和声音素材，可以自由组合和创作，不需要事先掌握复杂的编程知识或数学逻辑也能实现自己的创意。

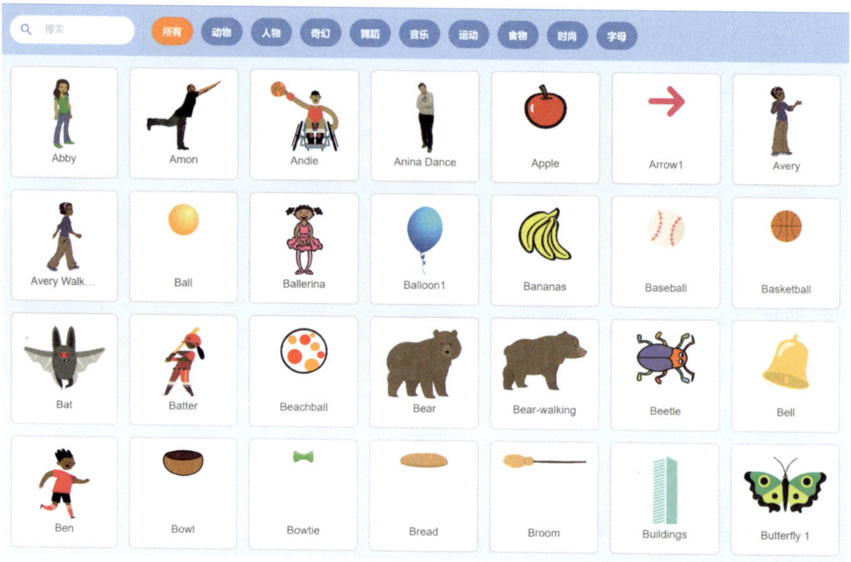

Scratch中的角色

Scratch不仅能让我们在玩乐中学习编程的基本概念，如算法思维、逻辑、序列、循环、事件处理、并行处理、条件判断、数据结构等，还能培养逻辑思维能力、创新能力和解决问题的能力。

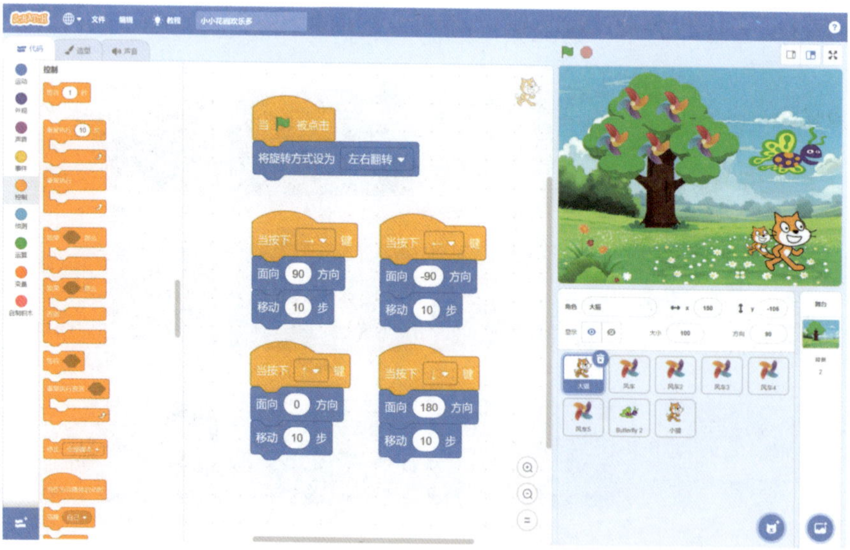

Scratch中的“积木块”

Scratch降低了编程的门槛，使编程变得简单、易懂和有趣，使得越来越多的孩子能够轻松迈入编程的世界，发挥自己的想象力和创造力。

一起加入Scratch编程，开启你的编程挑战之旅吧！

为什么要学习Scratch图形化编程？

对于未来的发展，编程技能将成为一项宝贵的财富，一个人可以不精通编程，但不可不接触编程。

从时代发展的角度来看，人们生活的世界正日益被科技所主导，计算机、手机、智能设备等无处不在，人工智能的发展也越演越烈，而编程正是驱动这些科技的核心力量。未来，编程的应用将愈发广泛，若此刻掌握了编程技能，便能紧跟时代前进的步伐，不至于落伍。

在工作的机器人

Scratch编程自身具有显著的优点。它简单易学，充满趣味，提供了众多可爱的角色与精美的背景，操作方式直观、便捷，仅需拖拽彩色的积木块，就能创作出令人愉悦的作品，是编程入门的不二之选。

此外，学习编程能够带来诸多益处。它有助于提升我们的思维能力，在编程过程中，我们需思考如何使角色行动、如何优化游戏体验等，这能充分锻炼我们的大脑，培养逻辑思维。以制作一个走迷宫的游戏为例，不仅要判断角色是否成功抵达终点，还要巧妙处理角色碰到墙壁后的各种情况，这都需要严谨的逻辑思考。

走迷宫的猫咪

（1）提升解决问题的能力。

一是解决编程问题，在编程的过程中，不可避免地会遭遇各种错误和棘手的问题。然而，通过持续不断地调试和优化代码，可以逐渐提高发现问题、剖析问题本质，并最终寻觅到行之有效的解决方案的宝贵能力。例如，当你满心期待的程序运行结果与最初设想大相径庭时，就得沉下心来，逐行仔细检查代码，精准地找出潜藏其中的错误，然后巧妙修正，直至程序完美运行。二是利用编程解决问题，例如通过Scratch背诵古诗的小程序，既能帮助自己锻炼打字能力，又能帮助自己记忆古诗词。

（2）激发创造力和想象力。

Scratch 宛如一片神奇的创意乐土，为我们搭建了一个自由挥洒创意的舞台。内心深处那些天马行空的奇思妙想，都能借助编程转化为生动逼真的现实作品。无论是勾勒一个如梦如幻的神秘世界，还是构思一个扣人心弦的互动故事，都能在 Scratch 中得以实现。例如，如果你渴望创造一个充满未知与惊喜的外太空冒险动画，那么完全可以大胆设计出形态各异的奇异星球和千奇百怪的外星生物，让想象力在宇宙中尽情翱翔。

（3）提高数字化表达能力。

编程，犹如诗词、音乐和绘画一般，是一种别具魅力的表达形式。通过 Scratch 进行编程创作，就如同手握神奇的画笔，能够将内心丰富多彩的想法淋漓尽致地展现出来。例如，若想通过编程传达保护环境的重要性，可以制作一个以大自然为背景的动画。画面中，随着人类活动的破坏，美丽的森林逐渐消失，动物们失去了家园。通过这样直观而深刻的视觉表达，引发观众对环境保护的深思。编程为我们提供了一种全新的、强大的表达方式，让我们能够将内心的奇思妙想转化为实实在在的作品，与他人分享自己独特的视角和见解。

总之，Scratch可以让我们在轻松愉快的环境中接触编程知识，动手动脑实现创意、锻炼思维，培养信息素养和创造力，培养数字化表达能力及解决问题的能力。这些能力对我们未来的学习和职业发展都具有重要意义。

如何学习Scratch?

学习 Scratch将是一段充满探索与成长的奇妙旅程。下面准备了一些切实可行且高效的学习建议，助力大家在 Scratch 的世界里畅游。

1. 学习过程

首先，需要深入了解Scratch的基本概念，包括其独特的界面布局，例如清晰区分的当前项目、生动有趣的精灵、丰富多彩的背景等多个窗格，还包括明确主要功能块的用途，以及熟练掌握如何运用这些功能块来构建程序。

在熟练掌控界面和基本功能之后，应当将重心转移至学习一些关键的编程逻辑上。如条件语句，它能根据不同的条件决定程序的走向；循环则可以重复执行特定的操作，大大提高编程效率；变量更是编程的重要元素，用于存储和操作数据。通过亲身实践，能够熟练掌握如何运用“说……”“移动10 步”等具体的指令来精准控制角色的行为。

最后，充分发挥自己的无限创意，将所学知识巧妙地应用于实际项目之中。比如，精心设计一个简约而不简单的游戏，或者创作一个充满趣味的动画，并循序渐进地完善其功能，直至打造出一个完整且令人满意的作品。

举个例子，在学习条件语句时，可以先设定一个角色在碰到特定颜色区域时执行特定动作的程序，理解条件判断的原理。在设计游戏时，从一个简单的接球游戏开始，逐渐增加得分计算、关卡设置等功能，让游戏变得更加丰富和具有挑战性。

2. 学习方式

认真学习本书内容，观看配套的教学视频。

本书系统全面地阐述了 Scratch 编程的基础知识和核心要点，而教学视频则以直观生动的方式进行演示，两者相辅相成。在学习过程中，大家要仔细阅读书中的文字解释，理解每个概念和步骤的原理；在观看视频时，要注意观察操作细节和实际效果，将书本知识与视频中的实例相结合，加深对Scratch 编程的整体认知和把握。

勇敢尝试、积极探索。

当遇到不熟悉或难以理解的积木块及编程知识时，切勿产生恐惧或退缩心理。要以无畏的勇气去大胆组合和搭配各种积木块，密切关注程序运行后的最终结果。倘若未能达到预期的效果，务必保持沉着冷静，运用逻辑思维仔细分析问题可能出现的环节，耐心且细致地排查潜在的错误，逐步对程序进行优化和改进。比如，在尝试创建一个角色移动的程序时，可能最初角色的移动速度或方向不符合预期，此时就需要检查控制移动的积木块参数设置是否准确，或者思考程序逻辑中是否存在漏洞。

主动向老师请教，并积极参与合作学习。

在学习Scratch编程的道路上，老师是你的引路人，能够为你答疑解惑、指点迷津。遇到困惑时，不要犹豫，及时向老师寻求帮助。同时，也要善于与他人开展合作学习，通过交流和分享彼此的想法、经验和成果，相互启发、共同进步。例如，组成学习小组，共同完成一个较为复杂的编程项目，在合作中学会分工协作、沟通协调，提升解决问题的能力。

充分且高效地利用网络学习资源。

在Scratch官方网站，以及众多网络学习平台上，存在着海量的优质示例作品、详尽的教程和丰富的学习资料。大家可以通过搜索引擎准确查找相关主题的学习内容，认真观摩和研究这些示例作品和教程，深入领会其中的编程逻辑和设计思路，仔细剖析角色的动作设计原理、声音与特效的添加技巧和方法等，从中汲取灵感和积累宝贵的实践经验。

3. 学习计划

自学编程挑战强度确实不小，因此，大家需要根据自身的实际时间安排以及学习能力，灵活且合理地调整学习的进度。

设置学习小目标。

为了让学习更具方向性和可衡量性，建议大家给自己设定一系列清晰明确的小目标。例如，每天完成一个小型的编程项目，比如制作一个角色能够自动躲避障碍物的简单动画，或者设计一个能根据输入的数字判断大小的小程序。

制定每周的阶段性目标。

比如，第一周熟悉 Scratch 的基本操作和指令，能够创建基础的动画；第二周掌握一些常见的编程逻辑，如条件判断和循环，并能运用它们制作较为复杂的动画或简单的游戏；第三周则侧重于创意的发挥和功能的完善，完成一个包含多种元素和交互效果的完整作品。

合理分配时间。

注意合理分配每天的学习时间。可以将学习时间划分成几个小段，比如早上进行 30 分钟的理论学习，了解新的编程概念和技巧；下午安排 1小时的实践操作，动手实现自己的想法；晚上再用 30 分钟回顾当天的学习成果，总结经验教训。

弹性学习。

另外，也要预留一些弹性时间，用于应对可能出现的意外情况或者深入研究某些复杂的知识点。例如，如果某天学校的作业较多，无法完成预定的一个完整小项目，可以将其分解为几个部分，先完成关键部分，其他部分在后续的弹性时间内完成。

总之，科学合理地安排时间和设定目标，能够让学习过程更加有序高效，帮助你更好地掌握 Scratch 编程。

4. 学习态度

保持良好的学习状态。

在开始时，先遵循教程所提供的示例进行操作，这能确保你扎实掌握基本编程流程。待熟练之后，便可在此基础上勇敢创新，对示例予以修改和拓展。比如，灵活调整角色的运动速度、改变背景的颜色或者巧妙地添加新的交互元素，然后仔细观察这些改动给作品带来的奇妙变化。

保持好奇心与学习热情。

那些看似平凡的积木块，当它们相互组合时，所能实现的效果堪称无限。这就需要持续不断地学习与探索。Scratch 宛如一座蕴藏着无尽知识宝藏的神秘城堡，大家应以积极主动的心态去深挖其中的奥秘。时刻对新知识、新效果怀揣着强烈的渴望，并将这份热情转化为源源不断的学习动力。

学会分享。

积极分享你的作品，把你精心创作的成果展示给家人和朋友，虚心聆听他们的反馈。如此一来，不仅能够骄傲地展示自己的努力成果，还能够从他人那里收获宝贵的反馈和灵感，从而进一步提升自己的编程水平。

勤思考。

常常思考编程还能在哪些领域发挥作用，是想借助它解决某些实际问题，还是想抒发个人情感，抑或是实现独特的创意？在日常生活中，灵活运用编程。倘若你心中藏着一个奇妙的故事，完全可以通过编程将角色们活灵活现地演绎出来；倘若你对某个科学现象满怀好奇，便能利用编程来模拟和展示；甚至当你仅仅是单纯地期望创造一个充满欢乐和惊喜的游戏，Scratch也必定能助你一臂之力。将 Scratch 与其他学科有机结合，能够极大地激发你的创造力和解决问题的能力。

不断挑战自我。

先从简单的小任务起步，循序渐进地提升难度。例如，在学习初期，将目标设定为制作一个简单的角色跳跃动画。首先明确需要添加的角色形象，接着精准地找到控制跳跃动作的相关积木块，通过反复调整参数以实现理想的跳跃效果。之后，可以进一步拓展，引入得分机制或者设置障碍物等元素，让作品更加丰富有趣，充满魅力。

做好学习笔记。

认真详细地记录在学习过程中所产生的奇思妙想、获取的他人建议、掌握的知识要点、遭遇的难题及对应的解决策略。这将有力地加深自己的记忆，方便日后进行复习与回顾，当再次遇到类似问题时能够迅速找到有效的解决办法。

Scratch学习计划

你打算如何学习Scratch呢？翻看本书，在下方写出你的学习计划吧！

Scratch编程准备

学习目标

下载相关程序及素材

- 完成Scratch的安装。
- 了解Scratch的界面与基本操作。
- 能够导入作品，体验Scratch游戏。

Scratch 3的安装

开启Scratch编程挑战前，正确安装Scratch软件是至关重要的一步。

在本书的资料包中下载Scratch安装包，这是Scratch第三个全新版本，如果使用的是Windows系统，就选择Windows版；如果是苹果计算机的macOS系统，就选择macOS版。下载完成后，双击打开，无须其他设置，点击“安装”按钮即可。

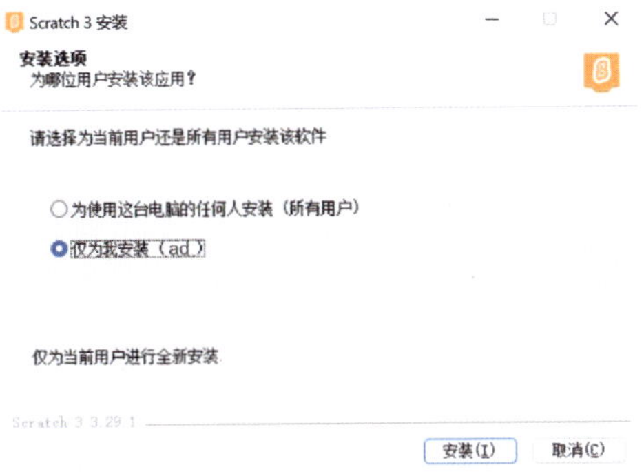

安装步骤1

下面以在Windows系统安装为例进行介绍。

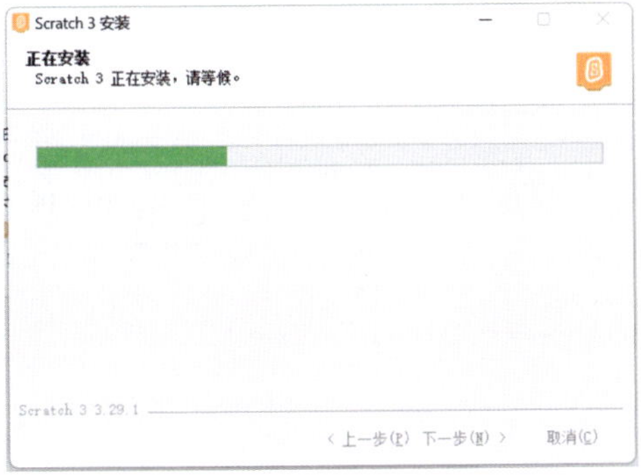

安装步骤2

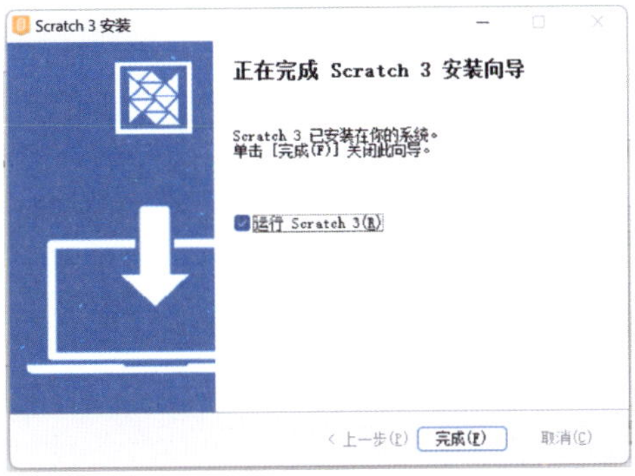

安装步骤3

点击“完成”按钮，会打开Scratch。下次使用时，在计算机桌面找到Scratch图标，打开即可。

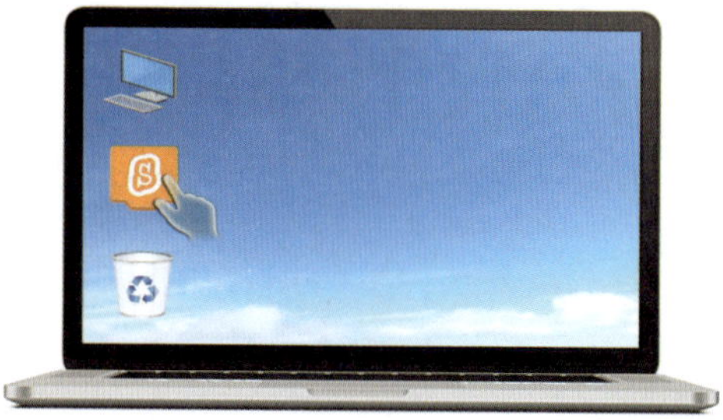

Scratch图标

Scratch 3的界面

打开Scratch 3就可以看到下图所示的界面，大致分为菜单区、功能区、积木块搭建区（脚本区）、舞台区、角色区、背景区。下面逐个看看它们都有什么作用吧！

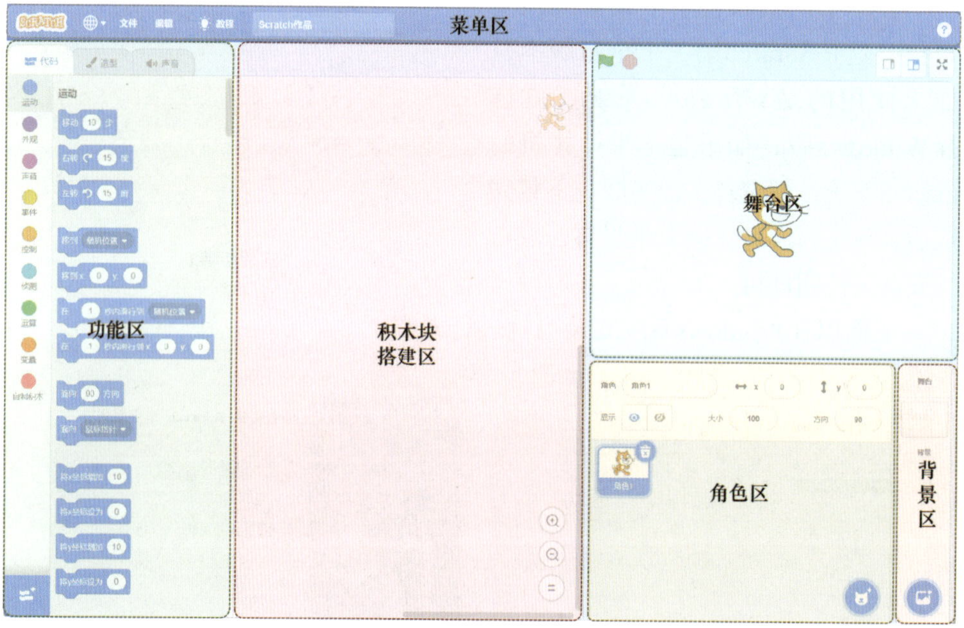

Scratch界面

★ 菜单区

单击小地球图标，可以打开Scratch的语言选择区，在这里可以选择不同国家的Scratch的语言，最下方显示的是“简体中文”。

单击“文件”菜单，有3个命令。“新作品”命令用于创建新的作品。

选择“从电脑中打开”命令可以选择并打开已有的Scratch作品。选择“保存到电脑”命令可以将已经完成的作品保存到你计算机中。

单击“编辑”菜单，其中有两个命令。当不小心删除作品中的角色时，“恢复”命令会变成“复原删除的角色”命令，选择该命令后可以恢复已删除的角色。选择“打开加速模式”命令可以让程序加速运行。

“教程”中为用户精心准备了丰富多样、妙趣横生的学习内容，涵盖动画、艺术、音乐、游戏、故事等多个领域。选择自己喜欢的教程，可以按照指引，一步步创作出精彩纷呈的作品。

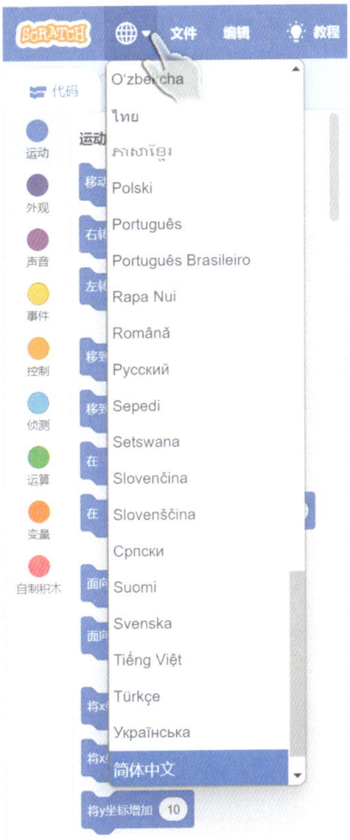

Scratch语言选择

Scratch教程

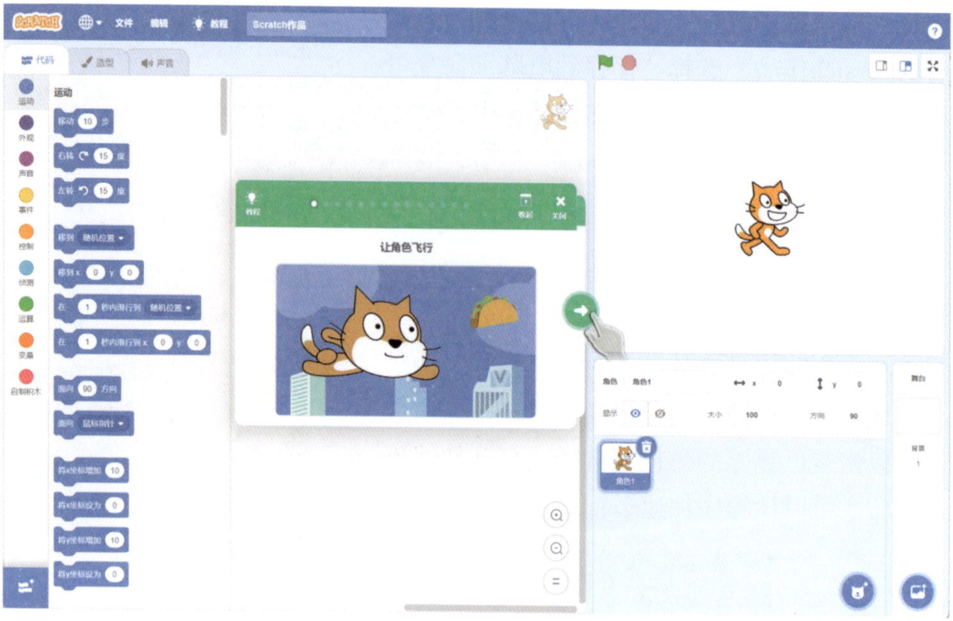

Scratch教程详情

在功能区，用户拥有一项独特的权限，那就是能够为自己精心创作的作品赋予一个令人印象深刻的名字。比如，可以根据作品的主题、风格或者想要传达的情感，选取一个恰如其分的名字，如“梦幻星际之旅”“欢乐森林派对”“神秘魔法探险”等，让这个名字成为作品的精彩开篇。

★ 功能区

Scratch 界面的功能区主要包括“代码”“造型”“声音”三个重要部分，它们为编程创作提供了强大的支持。例如，当创作一个追逐游戏时，可以在“代码”区的“运动”模块设置角色的移动；在“外观”区为追逐者和被追逐者设计独特的外观；在“声音”区添加紧张刺激的背景音乐，让整个游戏引人入胜。

首先来看“代码”功能区。

“代码”功能区是编程的核心所在，包括运动、外观、声音、事件、控制、侦测、运算、变量、自制积木9大模块，汇聚了众多分类清晰、功能各异的指令积木块。

比如，“运动”类别中的积木块能精确控制角色的移动方向、速度和位置；“外观”类别中的积木块可以改变角色的大小、颜色和显示效果；“控制”类别中的积木块则用于设置程序的执行顺序、条件判断和循环等逻辑。通过巧妙地组合和拼接这些积木块，能够编写出实现各种复杂功能的程序。

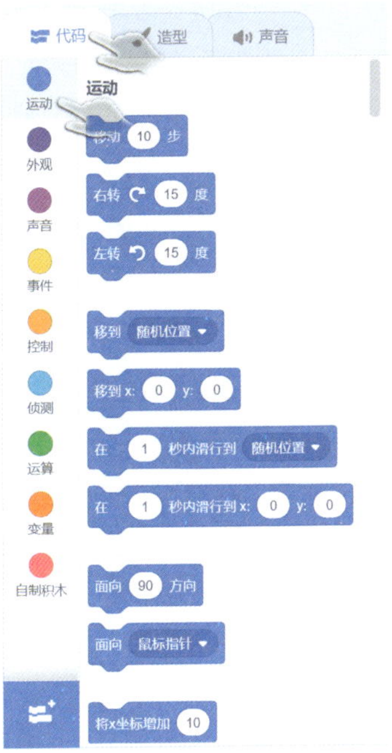

“代码”功能区

此外，“代码”功能区还有拓展模块，为编程创作提供了更多的可能性。例如，“画笔”模块，可以让用户通过编程控制角色在舞台上绘制，实现线条、图形的创作，为作品增添独特的视觉效果。

“视频侦测”模块能够利用计算机的摄像头进行侦测，例如侦测人物的动作、物体的移动等，并根据侦测结果触发相应的程序。

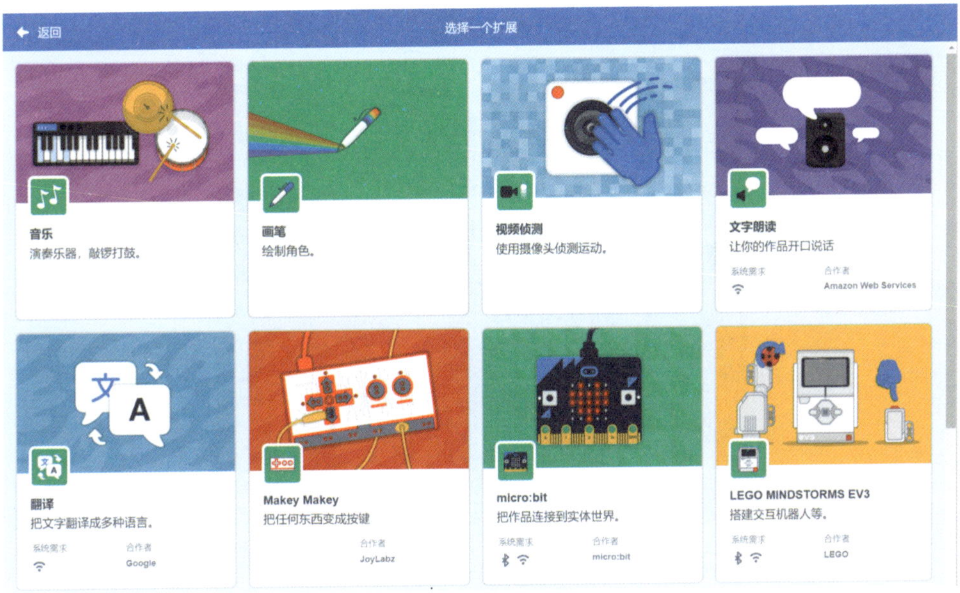

Scratch拓展模块

• “造型”功能区

“造型”功能区赋予了角色多样的外观表现。造型列表区中有角色的不同造型，就像是给角色穿上不同的衣服或者改变它们的样子。例如，人们在跑步的时候，会有不同的动作，每个动作就是一个造型；再例如，一只小猫的角色，有睡觉的样子、玩耍的样子、生气的样子，这些不同的样子就是它的“造型”，每个造型可以有一个不同的名字。

造型功能区

跑步时不同的“造型”

在画布上显示的是当前角色的造型。利用画布下方的按钮可以改变图片的格式及画布的放大和缩小。画布上方及左侧有很多按钮，在这个区域可以为角色绘制全新的造型，或者对已有的造型进行修改和完善。比如，调整线条的粗细、填充颜色、添加图案等，使角色更加生动有趣。此外，还能够从外部导入图片作为角色的造型，为创作带来更多的创意和可能性。

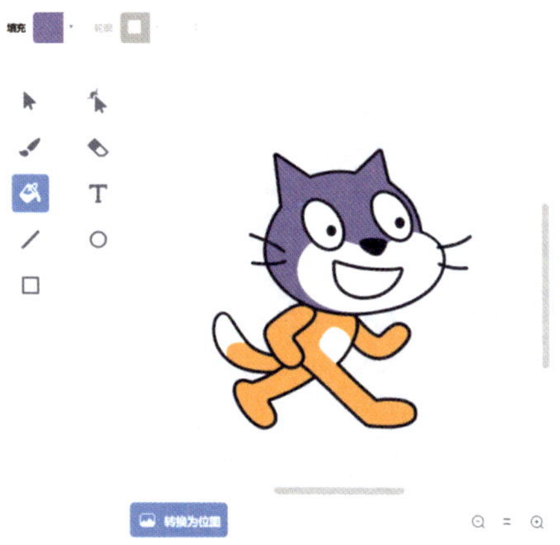

修改造型

试一试： 点击“油漆桶”按钮，点击小猫头部，将它的头部涂成紫色。

- “声音”功能区

在“声音”功能区内，提供了丰富的声音资源，涵盖了各种类型。其中包括自然界的声音，如水声、风声、雨声；动物的叫声，如猫叫、狗吠、狼嚎；乐器演奏的声音，如钢琴、小提琴、吉他的旋律；以及各种常见的音效，如爆炸、碰撞、鼓掌等。用户能够直观地试听和选择所需的声音。通过简单的点击操作，即可将选中的声音应用到角色或整个舞台上。

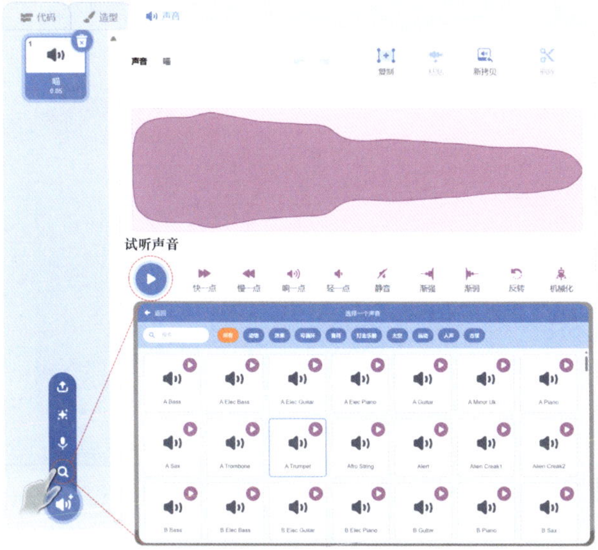

Scratch“声音”功能区

同时，在这里还可以对声音进行详细的设置和编辑。声音的长度和起止点可以根据需求进行裁剪，以精准匹配作品中的特定场景和时间要求。音量的大小能够自由调节，从而适应不同的氛围和效果。此外，也可对声音的播放速度进行更改，创造出独特的音效。

大家还可以通过麦克风录入自己的声音，如自己的歌声、朗诵、话语等，并将其融入编程作品中，使得作品更加个性。

★ 积木块搭建区（脚本区）

Scratch的脚本区是编程创作的核心区域，从左侧选择不同功能的积木块，按住鼠标左键，可以将需要的积木块拖动到这个区域，并将它们组合在一起。组合的时候，要像搭积木一样，将它们的凹槽对准。按照形状，还可以将这些积木块分为帽子积木、堆叠积木、条件积木、报告积木、C形积木和结束积木。

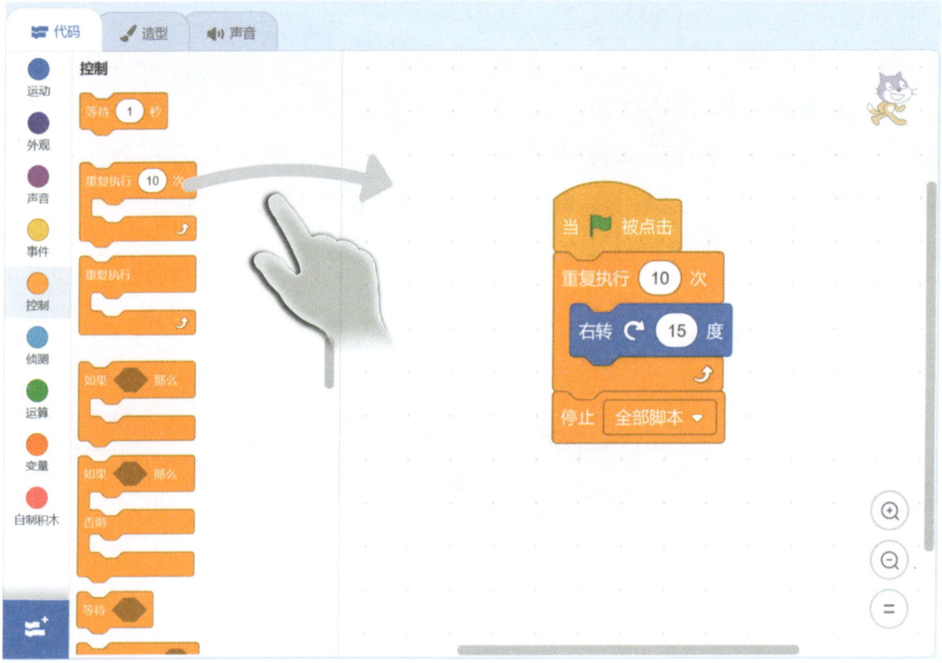

Scratch脚本区

积木形状分类

形状分类	数量[①]	示例	特点与用法	功能
帽子积木块	8		该类积木底部有凸起，可在下方拼接积木。像帽子戴在人的头上一样，它也处在整个程序的最顶部 	启动下方的程序

续表

形状分类	数量	示例	特点与用法	功能
堆叠 积木块	62		顶部有凹口，底部有凸起，上下都可拼接积木块 	执行编程命令
条件 积木块	14	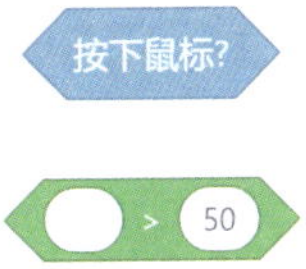	六边形，需要插入到一些需要条件的积木块中 	能提供一个“是”或“否”的答案
报告 积木块	34		椭圆形，需要插入到一些需要数据的积木块中 	能提供各种各样的数据（数字或者字符）
C形 积木块	5		像字母“C”一样，中间是空的，可以插入其他积木块 	执行它所包裹的程序
结束 积木块	2	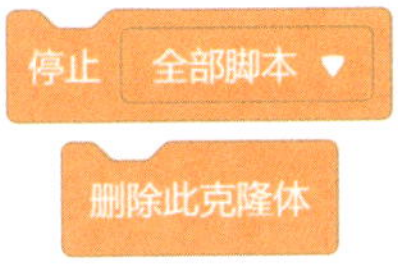	上方有凹口，下方不能拼接积木 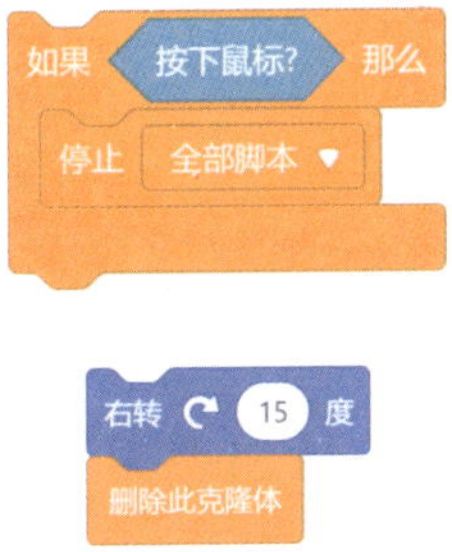	停止程序或者删除克隆体（结束某克隆体的程序）

① 不包括扩展积木和同一个积木指令的不同选项。

• 删除积木块

在编辑脚本时，如果你不需要某些积木块，可以将它删除。

选中想要删除的积木，点击鼠标右键，选择“删除”命令即可。除此之外，也可以将它们扔回“代码”功能区。

删除右转15度

删除重复执行与右转15度

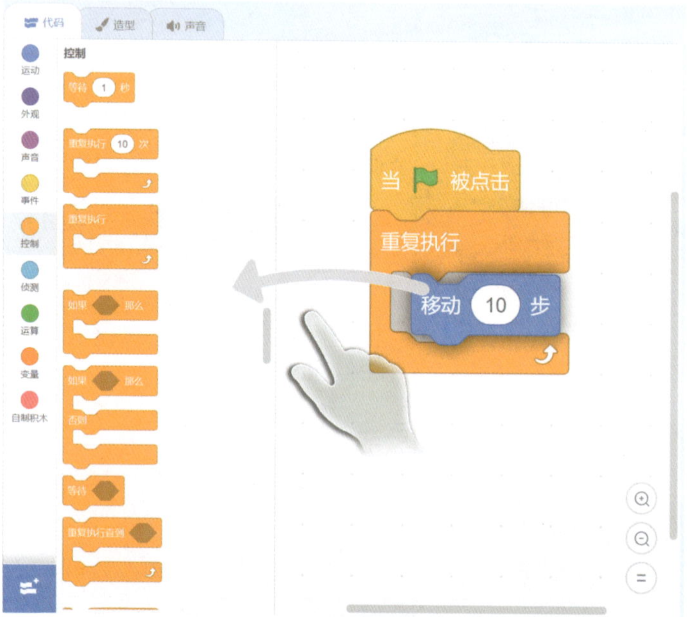

拖动并删除积木块

试一试：拖动一些积木块到编辑区拼接在一起，再把它们删除。

★ 舞台区

舞台区就像是一个展示表演的大平台。当我们编写程序时，所有角色的活动和动作都会在这个区域呈现出来。在舞台区，可以看到角色们跑来跑去、变换形状、发出声音等。它的作用是把我们设定好的各种效果和情节直观地展示给大家。

舞台区有自己的大小和尺寸，我们可以通过一些操作来调整它的显示方式。比如，可以放大或缩小舞台，这样能更清楚地看到细节或者看到整个场景的全貌。

另外，舞台区还有一些控制按钮。比如，有一个绿色的小旗子，当我们点击它的时候，程序就会开始运行，角色们就会按照我们编写的脚本动起来；还有一个红色的停止按钮，点击它可以让正在运行的程序停下来。

试一试： 点击舞台右上角的按钮，可以查看舞台的不同大小。

Scratch舞台区

★ 角色区

角色区用于存放编程要用到的各种角色，比如可爱的小动物、帅气的超级英雄、漂亮的公主等，用户可以通过上传、绘制、从角色库选择、随机选择等方式将它们导入进来。每个角色都有自己的特点和属性，单击角色可以查看和修改它们的信息，比如名字、大小、方向。除此之外，还能对角色进行一些操作，比如复制一个一模一样的角色，或者把不想要的角色删除。

Scratch角色区

试一试： 将鼠标指针放置在按钮上，从角色库中选取一个喜欢的角色添加到舞台上。

★ 背景区

在这里，我们可以管理舞台的背景。Scratch中有很多漂亮的背景图片可以选择，比如美丽的森林、神秘的太空、热闹的城市街道。同时，我们也可以自己动手画一个喜欢的背景，或者把计算机里保存的好看的图片拿来当背景。

将鼠标指针放在 上，可以像添加角色那样添加背景。

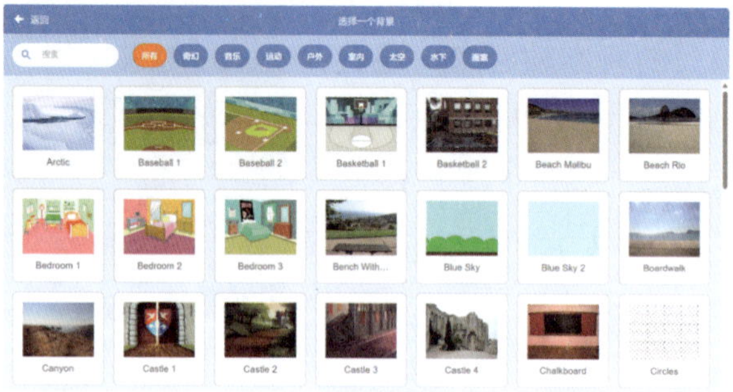

Scratch背景库

点击舞台，再点击背景（造型），可以查看已添加的背景。如果觉得某个背景不需要了，还可以把它删掉。通过更换不同的背景，可以让编程作品呈现完全不一样的感觉和氛围。

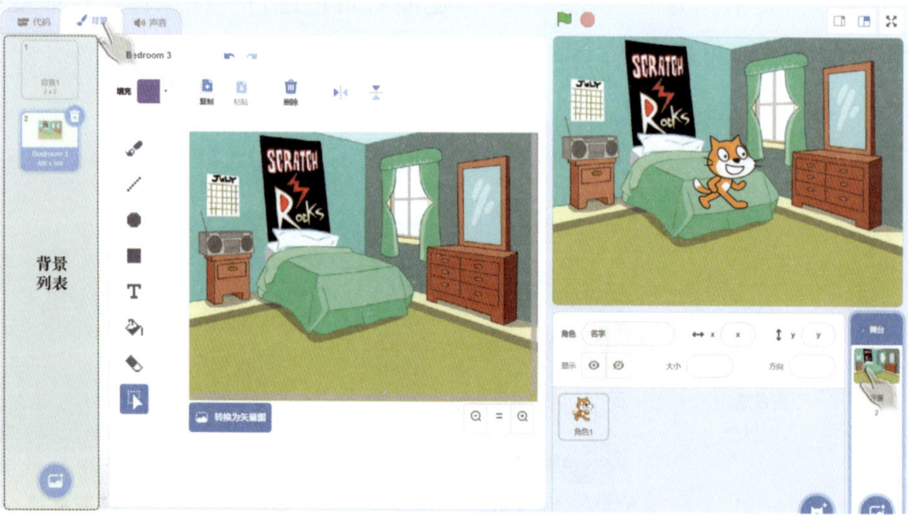

Scratch背景造型

注意： 在背景中也可以添加积木块，但是有些积木块是不可以使用的，例如运动类的积木块。

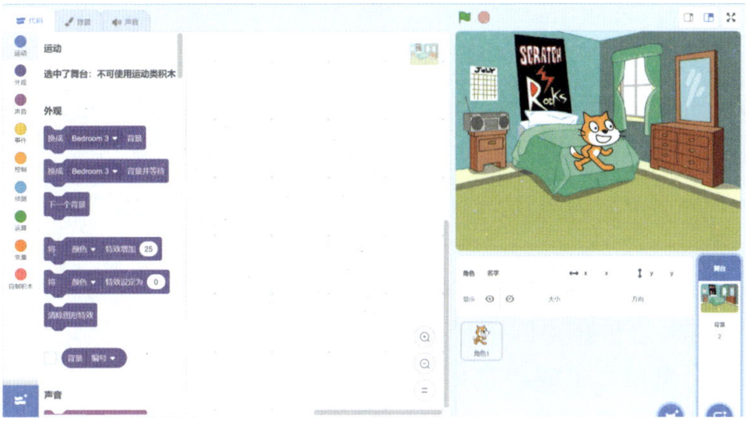

Scratch背景脚本区

Scratch作品体验

“危楼高百尺，手可摘星辰。” 这句诗出自唐代大诗人李白的《夜宿山寺》，说的是山上寺院高耸入云，站在上边仿佛都能摘下星辰。闭上眼睛，在脑海中想象一下，这座楼得有多高呀，高到伸手就能够着天上的星星。那会是怎样的一幅画面呢？现在，我们就借助 Scratch 这个神奇的工具，体验一下伸手就能摘星星的奇妙场景吧！

★ 导入作品

提前下载好本节课的作品文件。点击左上角的“文件”菜单，选择“从电脑中打开”命令，选择已经下载好的作品将其打开。

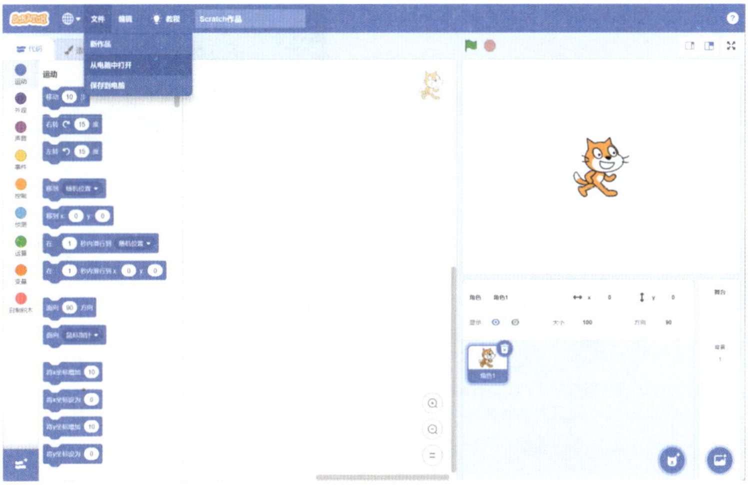

Scratch导入作品

★ 玩法介绍

点击右上角的 ⛶ 按钮，将舞台区最大化。点击小绿旗开始游戏。

按键盘上的“←”和“→”键控制人物左右移动，按空格键使人物跳跃。

在左上角可以看到人物的生命值是100，右上角是获得的星星数量。游戏时，星星会出现在天上，需要让人物跳起来将它们摘下，但是要让人物注意掉落的陨石，被陨石击中会损失10生命值。

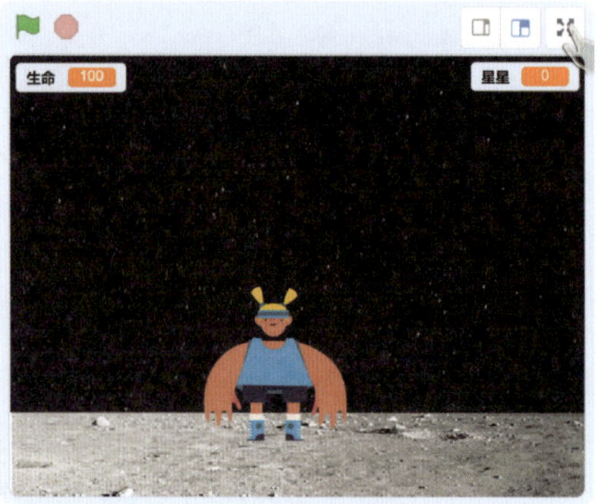

游戏效果图

试一试： 你能摘下多少星星？

★ 修改作品

100生命值是不是觉得不过瘾？想让游戏人物变得更强吗？现在请你选中Casey角色，找到“将生命设为100”积木块，将100修改为200，再试试运行游戏，你会发现什么？

我发现：____

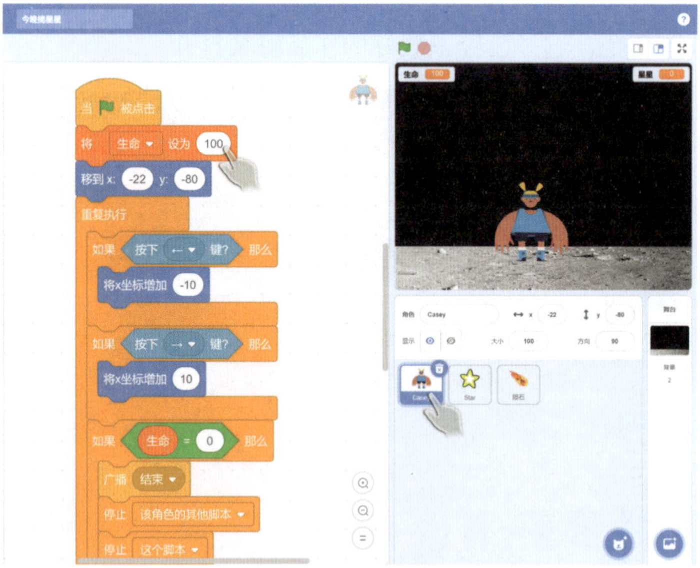

修改Scratch作品

★ 保存作品

点击“文件”菜单，选择“保存到电脑”命令，将修改的作品保存到计算机，在弹出的对话框中，选择合适的文件夹，点击“保存”按钮即可。

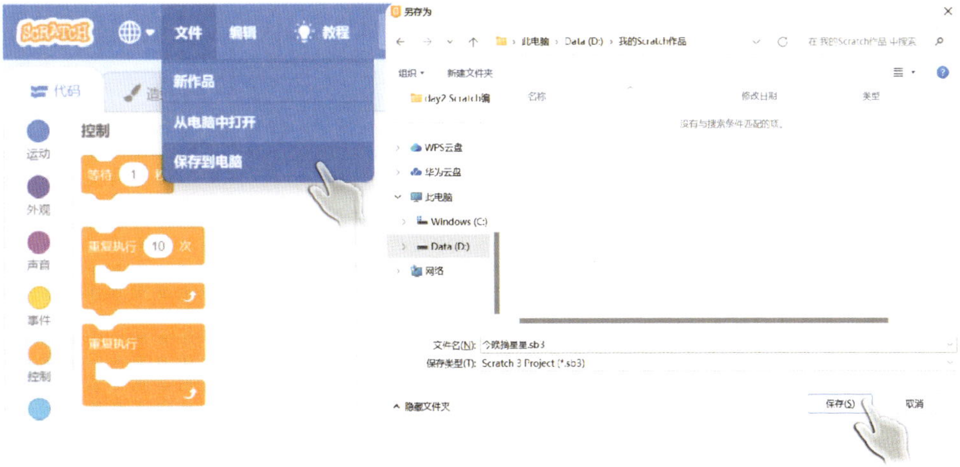

作品保存

第二章　Scratch基础模块学习

运动模块

学习目标

- 通过按键控制角色移动。
- 控制角色移动的方向。
- 学习旋转角色的方法与旋转的方式。

灵感激发

注意观察生活中点滴小事的同学总能在写作文时有很多灵感。编程也一样。请你在脑海里想象这样一幅画面：花园里挂着好多漂亮的风车，风一吹，它们就呼呼地转起来。树下，一只大猫和一只小猫在玩，小猫跟着大猫跑，小猫跑得摇摇晃晃的，好可爱。蝴蝶也在飞来飞去，好像在跳舞。而你趴在栏杆上，看着这一切，心里暖暖的。这样的一幅画面，你可以用编程实现吗？下面一起来制作《小小花园欢乐多》。

两只玩耍的小猫

任务一　风车树

我想做

通过编程，让五彩的风车在大树上旋转，形成一个风车树！

新知识

新学积木块1

所属模块	积木块	功能
事件	当 🏁 被点击	点击小绿旗可运行下方拼接的积木块
控制	重复执行	重复运行中间的积木块
运动	右转 ↻ 15 度	使角色向右旋转指定的角度
	左转 ↺ 15 度	使角色向左旋转指定的角度

趣编程

① 首先添加草地背景和风车角色。

在右下角找到选择背景按钮，选择“上传背景”选项，找到“背景.svg”并打开。随后按照同样的方法添加风车角色。

上传背景

上传角色

② 接着为风车添加积木块，让风车旋转起来。

找到小绿旗积木块，以及右转15度积木块，将其拼接。

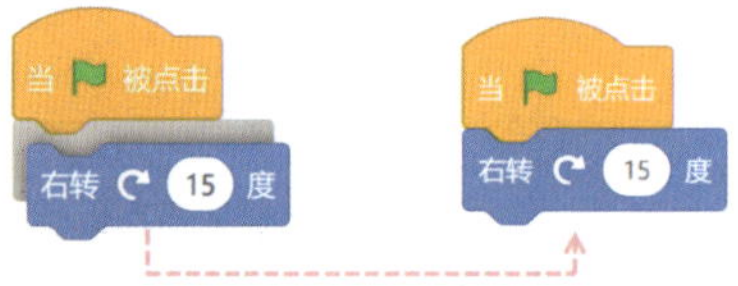

小贴士

用鼠标将移动积木块拖动到按键积木块下时出现阴影即可松手完成拼接。

想一想： 点击小绿旗，风车有什么变化呢？

____

想让风车一直旋转，则需要一个积木块让“右转15度”一直执行，这就是重复执行。

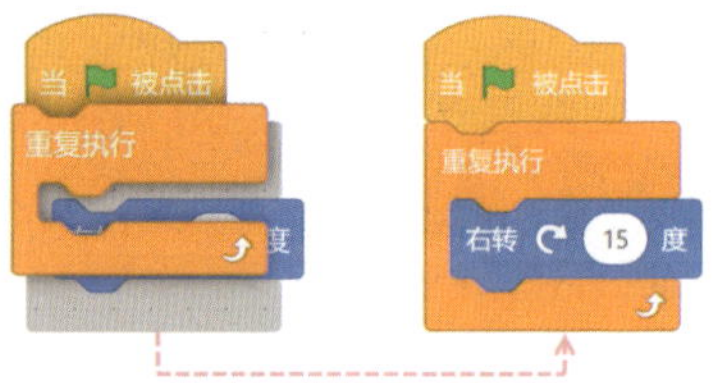

小贴士

用鼠标将移动积木块拖动到按键积木块下时出现阴影即可松手完成插入。

③ 最后放置多个风车。

一个风车太少了，怎么能让风车挂满大树呢？答案是复制！

选择风车角色，点击鼠标右键，选择“复制”命令。舞台上出现了更多风车，把它们拖动到合适的位置，就拥有了一个“风车树”！

复制角色

小贴士

复制一个角色时也会自动复制这个角色的所有程序，点击小绿旗试试吧！

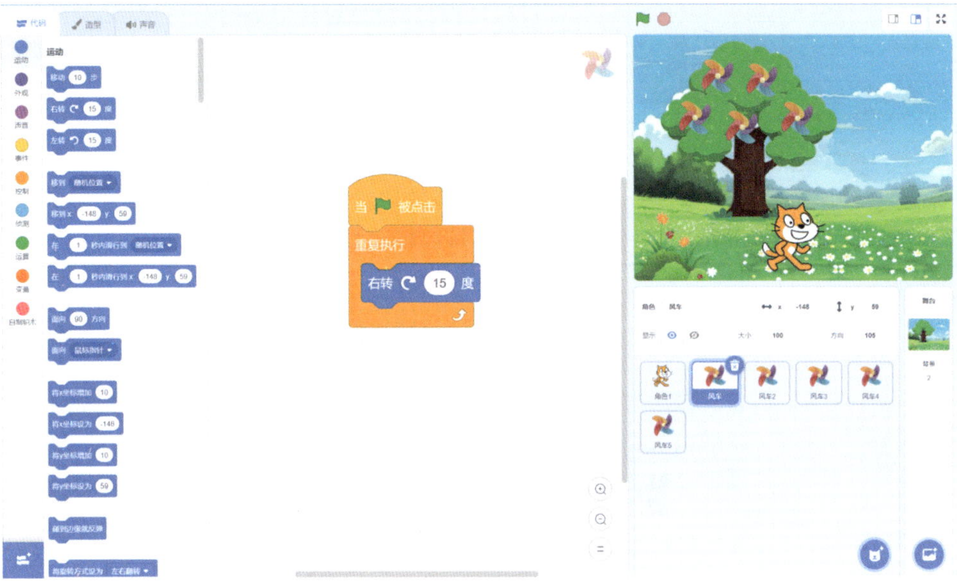

风车树效果图

小收获

这是第一个编程任务，相信你学到了不少编程知识和技能，也遇到了不少问题和挑战。如果需要改进，可以对哪些方面进行改进或添加新元素呢？下面记录一下吧！

____

____

____

____

观看教学视频

任务二　蝴蝶飞舞

我想做

再把作品完善一下吧！把蝴蝶放到程序中，让它在花朵间、草地上、大树下翩翩飞舞。______________________________

____

新知识

新学积木块2

所属模块	积木块	功　能
运动	将旋转方式设为 左右翻转	指定角色在旋转时旋转的方式，有左右翻转、任意旋转、不可旋转
	移动 10 步	使角色移动指定的步数
	碰到边缘就反弹	设置当前角色碰到舞台边缘后就反弹回来

趣编程

① 首先在角色库找到蝴蝶并添加。

从角色库添加角色

② 接着为蝴蝶添加积木块。

为了能让蝴蝶持续飞行，为蝴蝶添加左侧积木块，点击小绿旗后重复执行移动10步。点击运行程序，会发生什么呢？

我观察到：______________________________

怎么样让蝴蝶飞到舞台边缘后再飞回来呢？这里需要用到“碰到边缘就反弹”积木块 碰到边缘就反弹 ，将它插入“重复执行”积木块中，放在移动10步积木块下方，运行程序，会发生什么呢？

我发现：______________________________

③ 设置蝴蝶翻转。

下面展示了不同旋转方式下蝴蝶的样子，哪种是蝴蝶应有的旋转方式呢？

正常状态

不可翻转：角色始终只朝向一个方向。此时旋转积木无效。

任意旋转：角色可面向任意方向。此时角色可跟随角度变化任意转动。

左右翻转：角色只进行左右翻转。

小贴士

用鼠标将设置旋转方式的积木块拖动到小绿旗积木块下时出现阴影即可松手完成插入。

蝴蝶飞舞效果图

小收获

通过第二个编程任务蝴蝶飞舞，你学到了哪些编程知识和技能？遇到了哪些问题和挑战？还有哪些地方可以修改呢？下面记录一下吧！

观看教学视频

任务三　猫咪嬉戏

我想做

通过按键控制大猫前、后、左、右移动，让小猫追着大猫跑。

新知识

新学积木块3

所属模块	积木块	功　能
事件	当按下 空格 ▼ 键	按下指定的按键可运行下方拼接的积木块
运动	面向 90 方向	使角色面向指定的方向
	面向 鼠标指针 ▼	让角色面向鼠标指针或另一指定舞台角色
	在 1 秒内滑行到 鼠标指针 ▼	在指定时间内滑行到舞台上的随机位置、鼠标指针所在位置或其他角色所在位置

趣编程

① 首先让大猫移动。

规则设计：当按键盘上的“→”键时，大猫向右走，按“←”键大猫向左走，按“↑”键大猫向上走，按“↓”键大猫向下走。

将“角色1”名称改为“大猫”。找到“事件模块”中的“当按下空格键”积木块，将空格键变为“→”键。找到“运动模块”中的“移动10步”积木块，将它们拼接到一起。

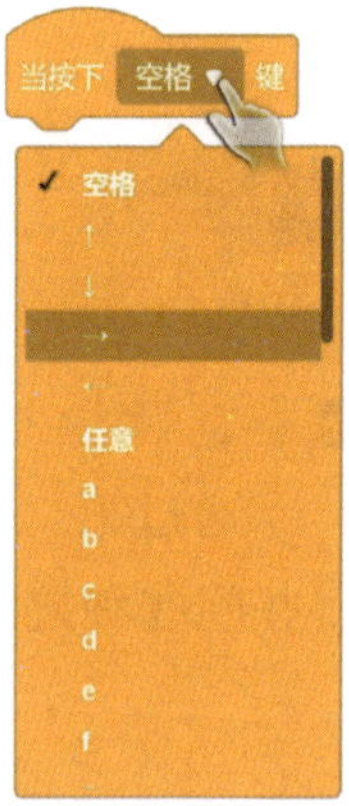

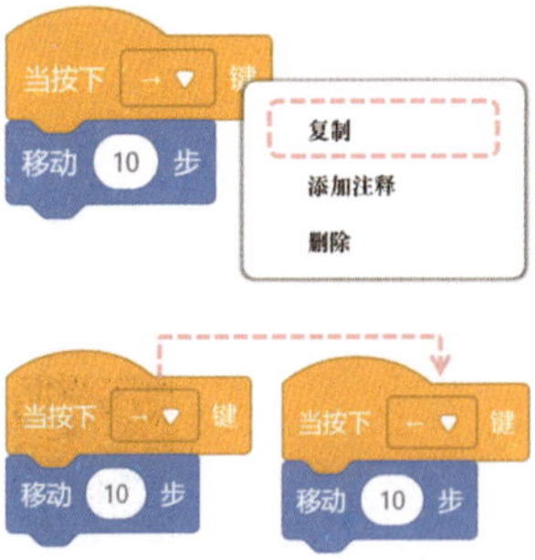

按键盘上的“→”键，看大猫能不能向右移动？

现在让大猫向上、下、左、右都能移动吧！点击鼠标右键，复制积木块，并将按键改为“←”。

试一试： 按相应的按键，看大猫能不能向不同的方向移动。

---

② 设置大猫向不同的方向移动。

在Scratch中，角色的移动和人的移动是一样的，需要指定一个移动的方向，如果没有指定过方向，默认是向90度方向移动，也就是向右移（可以通过方向箭头或输入数字来调整方向）。

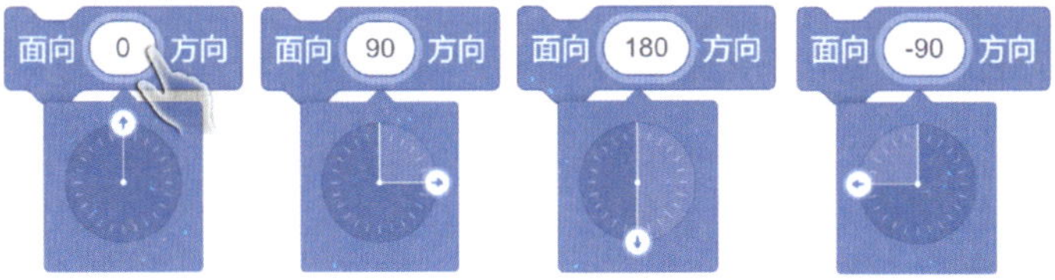

将这些积木块拼接在相应的方向按键下。例如，向左移动，需将“面向-90度方向”积木块拼接到程序中。

试一试： 按相应的按键，还有没有问题呢？

就像蝴蝶一样，这是猫咪的旋转方式没有选对！原来猫咪在面向不同的方向时需要旋转，默认是任意旋转，因此会出现上下颠倒的情况，这就需要在开始时设置它的旋转方式为左右翻转。

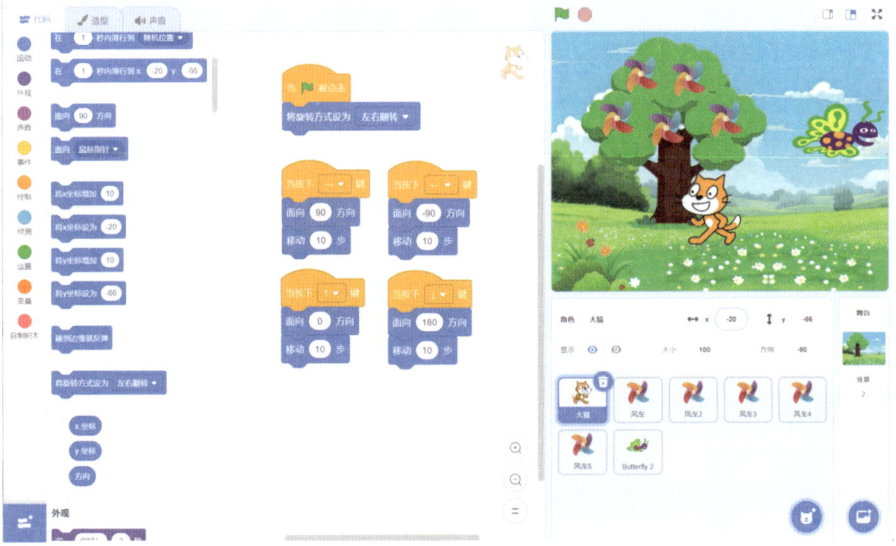

大猫移动效果图

③ 设置小猫跟随大猫移动。

在角色库中找到并添加Cat角色。

添加Cat角色

将“角色”名称改为“小猫”，将“大小”改为50。用鼠标将小猫拖动到合适的位置。

角色的名称和大小

一是要面向大猫，
用到的积木如下：

二是要移动过去，
用到的积木如下：

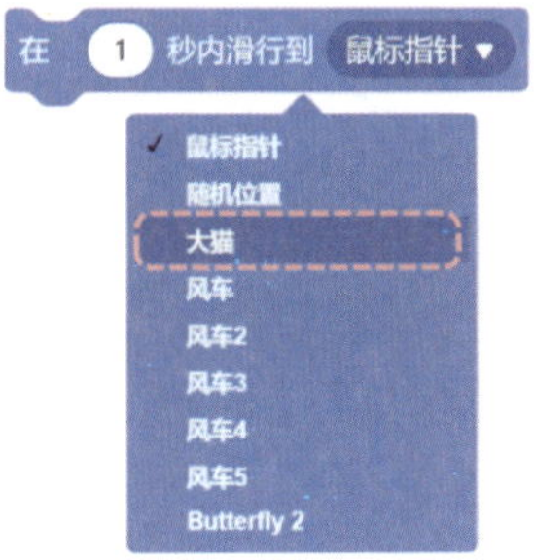

小贴士

为了防止小猫在移动时颠倒，还需要设置它的旋转方式为左右翻转。

那么，如何才能跟随大猫移动呢？

下面为小猫添加程序。当按下任意按键时，小猫都能面向大猫并在1秒内移动到大猫那里。

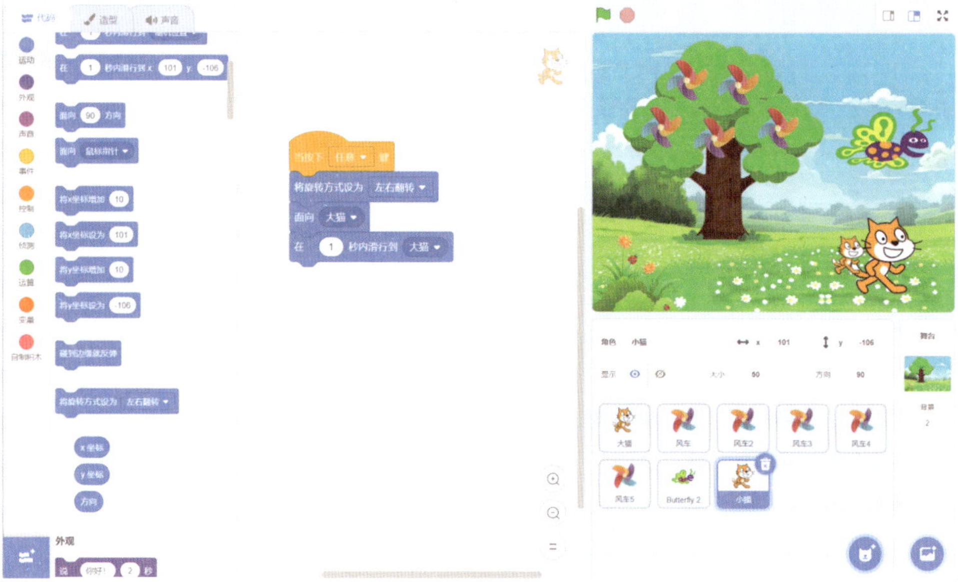

小猫的程序

小收获

这是第三个编程任务，通过设置大猫的移动和小猫的跟随，你学到了哪些编程知识和技能？遇到了哪些问题和挑战？还有哪些地方可以修改呢？下面记录一下吧！

____

____

____

观看教学视频

挑战一下

小小花园里还会有什么？小狗、小鸡还是小鸟？请你在角色库中再选择并添加一种小动物，设计它的动作。

观看教学视频

自我评价

现在是时候回顾一下本章的学习旅程了。本章介绍了运动模块中的部分积木，还介绍了复制角色、积木块等编程技能，通过编程把温馨的花园变成了一个动画作品，你做得怎么样呢？请根据实际情况，为星星涂色打分。

序号	评价内容	评　分
1	我能够熟练添加角色和背景	☆☆☆☆☆
2	我能够掌握运动模块中所学的积木块，理解并使用它们	☆☆☆☆☆
3	我能够使用积木块实现角色向指定方向移动及旋转	☆☆☆☆☆

拓展积木（选看）

在运动模块中还有很多积木块等待我们探索，这些积木块在后面的课程中还会学习到，当碰见它们时，可以通过阅读积木块上的文字，或者拖动到编辑区，点击并观察效果等方式了解它。

下面是一些积木块的简要介绍。

这个积木块可以设置角色的X坐标和Y坐标。坐标是用来控制角色位置的数据，当点击小绿旗时，可以让小猫出现在右侧。

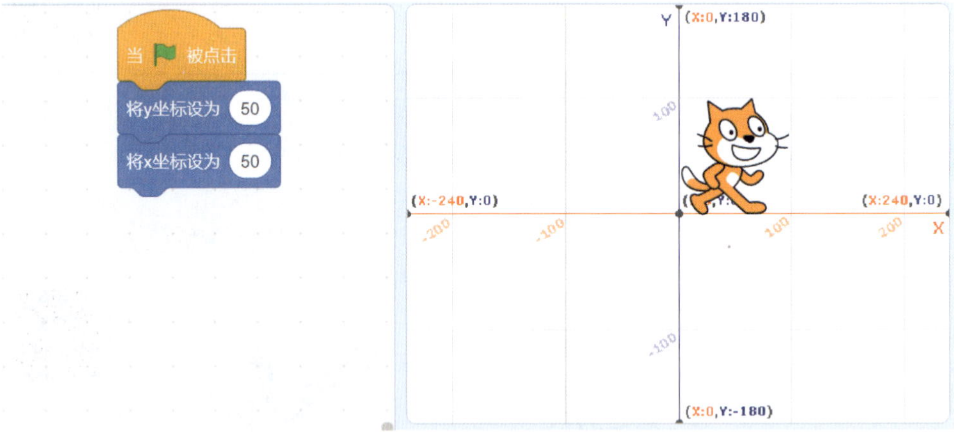

设定小猫坐标

这个积木块可以增加或者减少坐标值。当填入负数时，如-10，就是减少坐标值。通过改变坐标值也可以控制角色的移动。下图中，通过先将Y的坐标值增加100，再将X的坐标值增加100，实现小猫位置的变化。

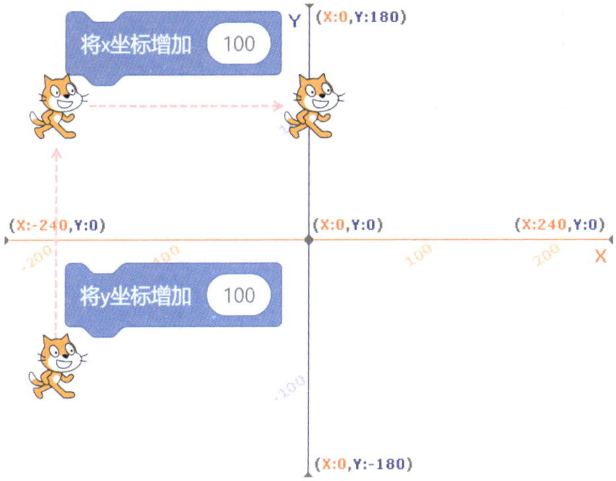

改变小猫坐标

这个积木块可以控制角色立刻移动到指定的位置，例如移动到指定角色的位置、鼠标的位置、随机的位置（将它拖动到编辑区，点击它可以观察效果）。

与上个积木块相似，这个积木块可以控制角色立刻移动到指定的坐标。

这个积木块可以控制角色在特定的时间内滑行到指定坐标点。试试下面的程序看会有什么效果。

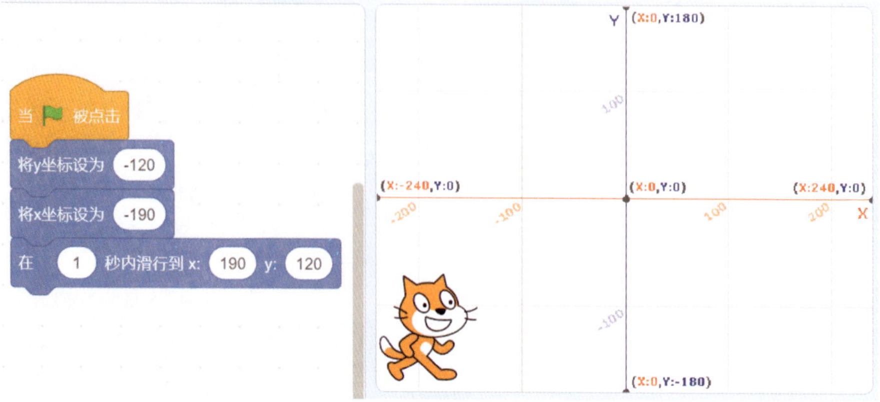

小猫的滑行

下面这个积木块可以获取角色当前所在的坐标与方向。当勾选它们之后，可以在舞台上看到角色的X坐标、Y坐标与方向信息，这些积木块也可以被用到程序中。

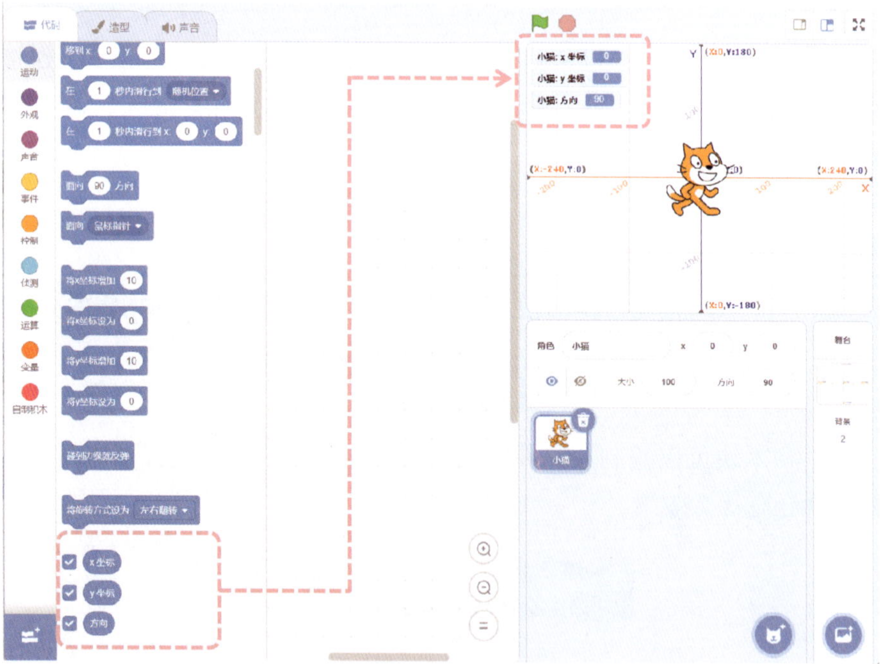

获取小猫的位置、方向数据

外观模块

学习目标

- 通过改变大小、颜色美化角色。
- 通过切换造型优化角色的运动。
- 通过提示语增强作品的表达。

灵感激发

在这片充满生机的小小花园里，每个角落都藏着欢乐的秘密。请用敏锐的大眼睛去探索这个花园的每一个细节吧，可以让风车具有不一样的风采，还可以让蝴蝶的翅膀在飞舞时更加生动。至于小猫和大猫，可以让它们奔跑时的姿态更加真实和有活力。通过这些优化，小小的花园将变得更加生动和有趣。现在，让我们一起来设计《小小花园欢乐多2》，用编程赋予这个动画新的生命吧！

缤纷小花园

任务一　多彩的风车

我想做

风车在微风中轻轻旋转，不一样的风车让风车树更加美丽！有的风车小

巧可爱，有的风车方正大气，每一个风车都有自己绚丽的色彩，____________

____

新知识

新学积木块1

所属模块	积木块	功　能
外观	将大小增加 (10)	将角色的大小增加10
	将大小设为 (100)	将角色的大小设置为100（角色的原始大小即为100）
	将 [颜色 ▼] 特效增加 (25)	将角色的颜色特效增加25
	将 [颜色 ▼] 特效设定为 (0)	将角色的颜色特效设定为0，即不添加颜色特效
	清除图形特效	清除角色的图形特效

趣编程

① 导入作品。

新建作品，由于本任务的作品是在上个作品的基础上制作的，因此需要导入上个作品。点击“文件”菜单，选择“从电脑中上传”命令，找到保存的作品，选择并打开。

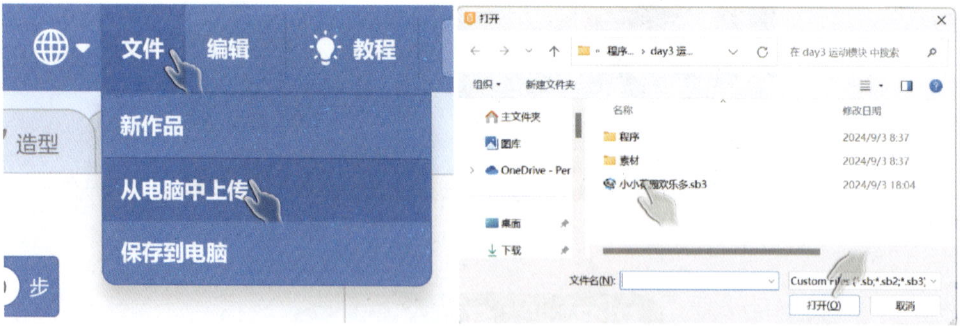

在右下角的角色区，选择“风车”选项，选中风车角色，选中后可以看到风车的大小、角色的名称、显示状态、方向和坐标信息。

选中角色

②改变风车的大小。

找到“将大小增加10”积木块，将其拖动到按键积木块下时出现阴影即可松手完成插入。

小贴士

点击小绿旗，观察风车的变化，同时记录角色区风车的大小值。

试一试： 点击小绿旗，风车有什么变化呢？

____

点击小绿旗的次数	第1次点击小绿旗	第2次点击小绿旗	第3次点击小绿旗
风车的大小值			

每次点击小绿旗，风车的大小都会增加10，有什么方法可以固定风车的大小？

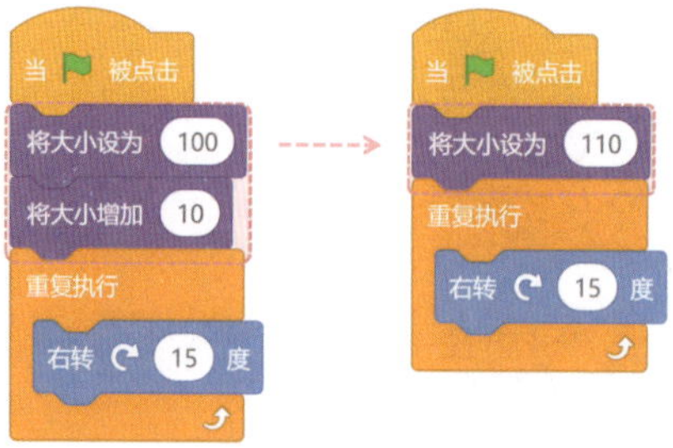

试一试： 尝试上面的两种积木块编程方法，观察风车的大小变化情况。

____

> **小贴士**
> 先将“大小”设为100，再将“大小”增加10，效果等同于直接将大小设为110。

③ 改变风车的图形特效。

现在风车的颜色都是一样的，怎样才能改变它们的颜色，使它们具有不同的颜色呢？那就是需要设定颜色特效，通过不同的数值，可以调整风车的颜色。

想一想： 点击小绿旗，风车有什么变化呢？

____

____

____

为了保证颜色效果，在小绿旗下需要先“将颜色特效设定为0”（没有颜色特效），然后再“将颜色特效增加25”，它的效果等同于直接将颜色特效设定为25。

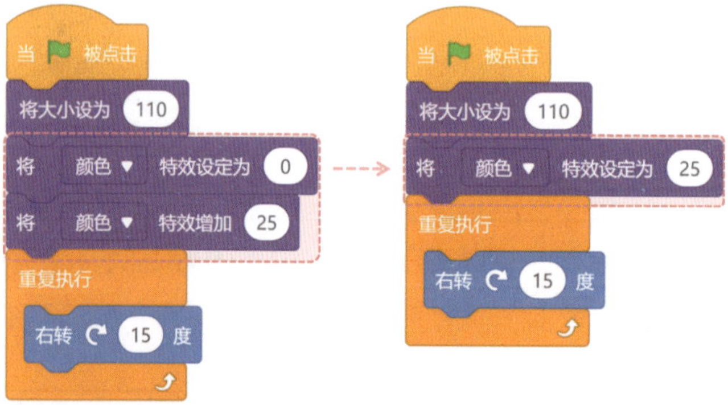

> **小贴士**
> 不同的颜色特效。

将 颜色 特效设定为 0		将 颜色 特效设定为 50	
将 颜色 特效设定为 25		将 颜色 特效设定为 75	

试一试： 使用同样的方法，改变其他风车的大小和颜色。

风车树效果图

小收获

这是第一个编程任务，相信你学到了不少编程知识和技能，也遇到了不少问题和挑战。如果需要改进，哪些方面可以进行改进或添加新元素呢？下面记录一下吧！

____

____

____

____

____

观看教学视频

任务二　舞动的翅膀

我想做

让蝴蝶摆动着翅膀，翩翩飞舞。________________________

____

____

新知识

新学积木块2

所属模块	积木块	功　能
外观	换成 butterfly2 ▼ 造型	将角色换成butterfly2造型
外观	下一个造型	将角色换成当前造型的下一个造型
控制	等待 1 秒	可以使程序暂停1秒

趣编程

① 查看蝴蝶的造型。

选中蝴蝶角色，点击窗口左上角的“造型”标签，查看造型，可以看到蝴蝶有两个造型，分别代表蝴蝶的两个动作，就像我们跑步时有不同的动作一样。

查看角色造型

通过这两个动作的切换，可以看到蝴蝶舞动翅膀的效果。

② 蝴蝶飞舞。

接着点击“代码”标签，切换到积木块编辑区，为蝴蝶添加积木块。先将造型换成“butterfly2-a”，飞行10步后再换成“butterfly2-b”。

为了让蝴蝶的翅膀上下扇动，为蝴蝶添加右侧的积木块，点击小绿旗后在重复执行中切换造型。运行程序，会发生什么呢？

我观察到：________________________

蝴蝶的翅膀并没有动。

这是因为程序运行得太快了，快到人眼无法观察到其造型的变化。因此这里就需要使用“等待1秒”积木块，将它插入到切换造型的下面，每次切换造型，程序就暂停1秒。运行程序会发生什么呢？

我发现：____

③ 优化蝴蝶飞舞的积木块。

为了能够让蝴蝶正常飞行，还需要调整程序暂停的时间，将等待1秒改为0.1秒，0.1秒是一个非常短暂的时间，它可以使得程序短暂地暂停，然后继续执行。

为了让大家能一眼看懂这些程序，还需要将控制蝴蝶移动的程序和控制蝴蝶造型的程序分开。

这两段程序可任选其一，“下一个造型”积木块会直接切换蝴蝶的造型，如果当前蝴蝶的造型是造型1，那么就切换到造型2，如果是造型2，那么就切换到造型1。

小贴士

点击小绿旗后，角色会同时执行两段程序，一是控制角色移动的程序，二是控制角色切换造型的程序，这在程序开发中称为“并发”。“并发”是指在同一时间段内，多个任务都在推进。

蝴蝶飞舞效果图

小收获

这是第二个编程任务，通过实现蝴蝶翅膀飞舞，你学到了哪些编程知识和技能？遇到了哪些问题和挑战？还有哪些地方可以修改呢？下面记录一下吧！

____

____

____

观看教学视频

任务三　奔跑的猫咪

我想做

小猫与大猫追逐打闹，奔跑时的姿态更加真实和有活力。小猫的四肢______________，大猫的四肢__________________________。同时，由于运动开始的方式不是通过点击小绿旗，因此可以通过猫咪自主介绍的形式来设置开始的方式，增强互动性。

新知识

新学积木块3

所属模块	积木块	功　　能
外观	说 (你好!) (2) 秒	弹出“你好！”的说话框，停留2秒后消失
	说 (你好!)	弹出“你好！”的说话框，一直在窗口显示不消失
	思考 (嗯......) (2) 秒	弹出“嗯……”的思考框，停留2秒后消失
	思考 (嗯......)	弹出“嗯……”的思考框，一直在窗口显示不消失

趣编程

① 猫咪造型切换。

就像蝴蝶翅膀的挥舞，使用外观模块中的“下一个造型”来让猫咪自然真实地奔跑起来。

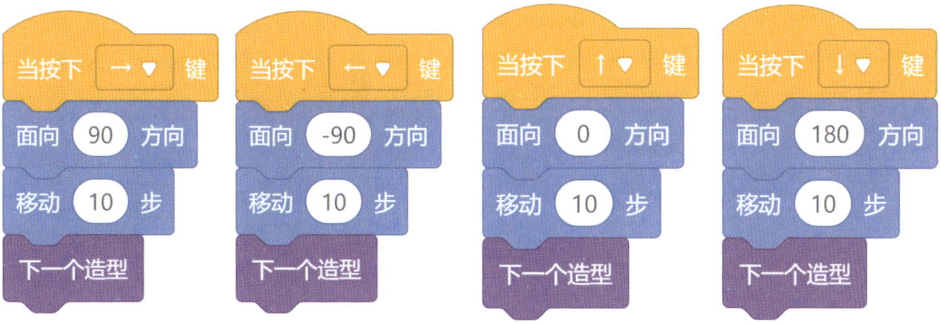

试一试：按相应的按键，看大猫能不能向不同的方向快速跑动。

②猫咪的介绍。

为大猫添加自主介绍的互动情节。大猫在自主介绍时，会使用到外观模块中的说话积木。

选中大猫角色，在“当🏴被点击”积木块后，分别加入上面的外观积木。运行程序，会发生什么呢？

我观察到：________________________________

通过试验，选用下面的方式实现大猫的自主介绍。

大猫说话

③设置小猫的互动环节。

小猫在互动时，会使用到外观模块中的思考积木。选中小猫角色，添加“当🏴被点击”积木块，在其后分别加入上面的外观积木。运行程序，会发生什么呢？

我观察到：________________________________

通过试验，选用下面的方式展示小猫的内心活动。

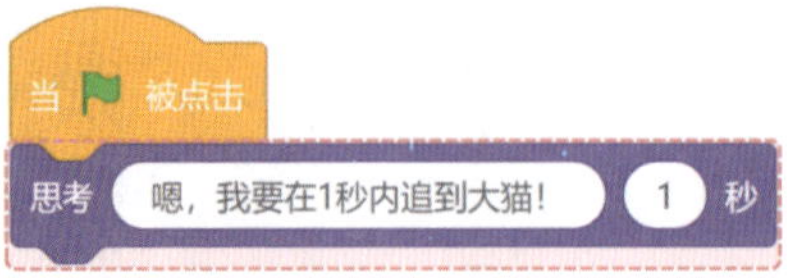

小猫说话

小收获

这是第三个编程任务，通过设置大猫的奔跑和两只猫咪的互动，你学到了哪些编程知识和技能？遇到了哪些问题和挑战？还有哪些地方可以修改呢？下面记录一下吧！

____

____

观看教学视频

挑战一下

小小花园里可能还有小狗、小鸡或者小鸟。查看它们的造型，使用外观积木块逼真地设计它的动作，使之活灵活现，趣味盎然。

观看教学视频

自我评价

现在是时候回顾一下本章的学习旅程了。本章介绍了外观模块中的部分积木，还介绍了如何修改积木内的参数等编程技能，通过编程将温馨的花园变得生动有趣。你做得怎么样呢？请根据实际情况，为星星涂色打分。

序号	评价内容	评　　分
1	我能够熟练地改变角色的大小与颜色	☆☆☆☆☆
2	我能够使用积木块实现角色的造型变化	☆☆☆☆☆
3	我能够掌握外观模块中所学的积木块，理解并使用它们	☆☆☆☆☆

拓展积木（选看）

在外观模块中还有很多积木块等待大家探索，这些积木块在后面的章节还会学习到，当碰见它们时，可以通过阅读积木上的文字，或者拖动到编辑区，点击它来观察效果等方式了解它。

下面是一些积木块的简要介绍。

当舞台有多个背景时，这两个积木可以对舞台的背景进行切换，换成当前舞台背景的上一个背景或者下一个背景。如果美丽的花园背景有白天和黑夜之分，那么使用这两个积木，可以快速进行昼夜的更替。

白天背景

夜晚背景

若想改变角色的图形特效，使用左侧这个积木块可以清除角色上的颜色特效，使角色恢复原始颜色，即颜色特效将变为0。除了颜色特效，还可以清除下图中的其他图形特效。

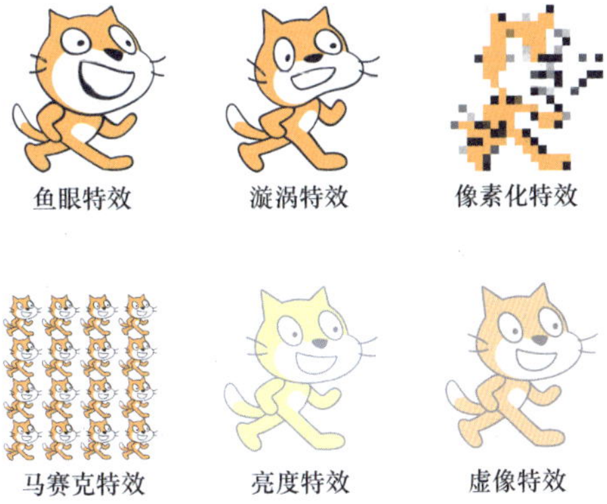

特效效果集合

试一试：在外观模块中找到这个积木块并点击，观察风车的变化。

左侧这两个积木块可以控制角色的显示与否。这两块积木的作用相当于角色列表上方的显示选项 。

点击“隐藏”，对应的角色将在舞台上消失，相当于将角色设置为不可见；点击“显示”按钮，对应的角色将出现在舞台上，相当于将角色设置为可见。

这两个积木块可用于控制角色的图层。编程作品也像一本书，上面的角色（上一页）会遮盖住下面的角色（下一页），就像在拍照时，前面的人会挡住后边的人。用这两个积木块可以调整角色的图层。

在下图中，可以看到第一棵树挡住了小狗，因为大树的图层在前面，小狗的图层在最后面。第二棵树被小狗挡住，因为小狗的图层在前面，大树在后面。

图层示意图

下面这些积木块可以获取当前出现在舞台上的角色所用的造型编号、当前舞台所用的背景编号，以及角色目前的实际大小。当选中它们之后，可以在舞台上看到角色的造型编号、舞台背景编号与角色大小，这些积木块也可以用到程序中。

查看角色属性

声音模块

学习目标

- 学习使用声音模块中的基础积木块控制声音的播放与停止。
- 学习使用声音模块中的相应积木块设置和调整声音的音量。
- 学习使用声音模块中的相应积木块设置和调整声音的音效。

灵感激发

研研是一个爱搞怪的小男孩，他有着丰富的想象力和对音乐的热爱。一天晚上，他做了一个奇妙的梦，在梦中他来到了音乐王国，这里的一切都是由音符和旋律构成的。音乐王国的居民们用不同的乐器发出各种音调来欢迎他，每个音符都闪烁着不同颜色的光芒。研研发现自己站在一个光彩夺目的舞台上，突然，他灵感一现，决定用新的创意来演唱一首歌曲。于是，他开始尝试不同的音调和音量，创作出一首既搞怪又悦耳的歌曲。

跟随研研一起来创建音乐作品《搞怪歌手》吧！

唱歌的男孩

任务一　我的歌声

我想做

让研研勇敢地登上音乐王国的歌唱舞台。在这个光彩夺目的舞台上，通过计算机键盘上的方向键，来帮助研研左右走动。如果按住向右方向键，研研将往右边移动；如果＿＿。同时，他将唱响他的第一首歌曲：＿＿＿＿＿＿＿＿＿＿＿＿＿＿＿＿＿＿＿＿＿＿＿＿。

新知识

新学积木块1

所属模块	积木块	功能
声音	播放声音 喵 ▼	让角色发出“喵”的声音，可以是预设的声音文件，也可以是自定义的音频
	播放声音 喵 ▼ 等待播完	让角色播放“喵”的声音，并且暂停执行其他指令，直到该声音完全播放完毕
	将音量设为 100 %	调整角色播放声音的音量大小，将其设置为最大音量，即原始音量的100%

趣编程

① 添加舞台背景和人物角色。

在右下角找到“选择背景”按钮，单击后选择一个背景，找到“Concert”并点击。随后按照同样的方法，在角色区右下角找到“选择角色”按钮，单击后选择一个角色，找到“Monet”并点击，添加人物角色。

下面修改“Monet”角色的造型。将“Monet”角色的默认造型删除，然后在左下角选择一个造型，单击“上传造型”按钮，找到“唱歌.svg”并点

击，添加“唱歌”的造型素材。使用同样的方法，添加“闭嘴”的造型。

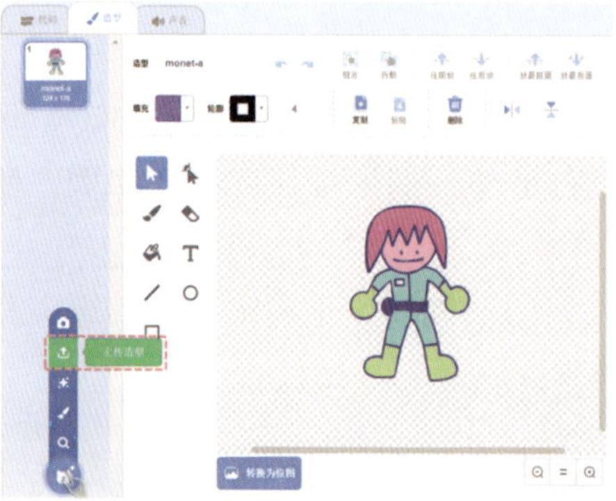

在角色属性区域调整人物大小，缩小至50（也可以通过积木块修改）。拖动人物角色到舞台中间。

添加积木块，当点击小绿旗时设置为唱歌造型。

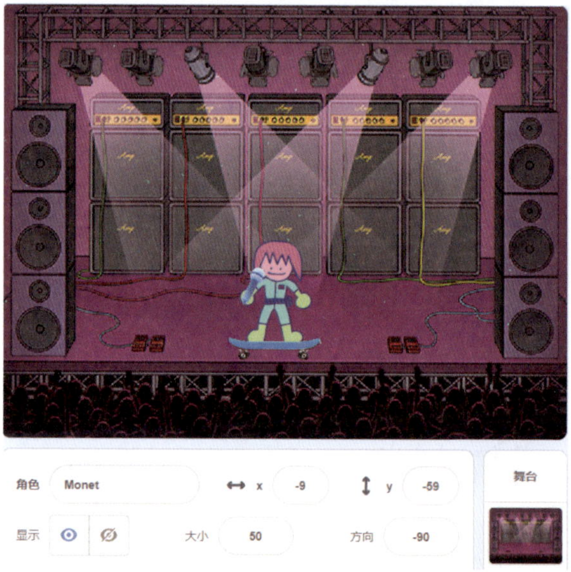

② 控制男孩走动。

通过按键事件来控制男孩的左右移动。

当按下向右“→”方向键时，男孩面朝右边移动15步

当按下向左“←”方向键时，男孩面朝左边移动15步

试一试： 按下按键控制角色移动，你发现了什么问题？

③ 开始唱歌。

先在声音界面上传要播放的音乐。在右下角找到选择一个声音，单击“上传声音”按钮，找到“小跳蛙.mp3”并打开。

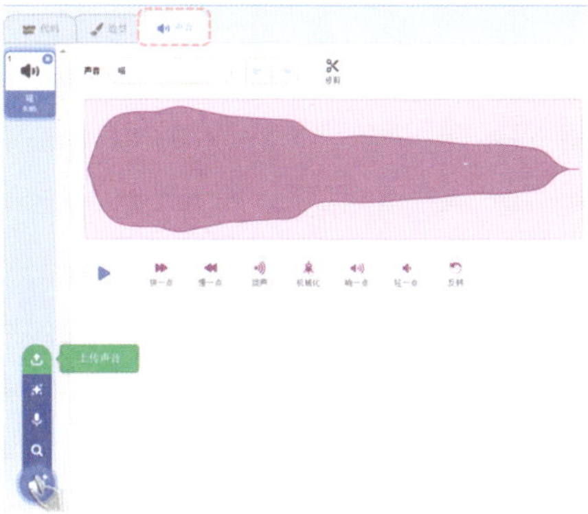

上传声音1

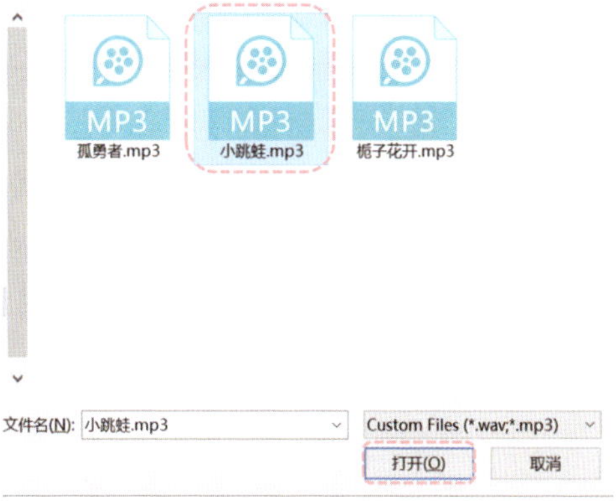

上传声音2

接着将声音的初始音量设置为最大音量，即将音量设置为100%，确保声音响亮清晰。选择播放的声音设置为“小跳蛙”。

试一试：在播放声音的过程中，“播放声音……”与“播放声音……等待播完”这两个积木块有什么区别？通过下面的两组编程，倾听音乐的播放情况，观察效果。

★ 第一组对比编程

我发现：____

____

★ 第二组对比编程

我发现：____________________

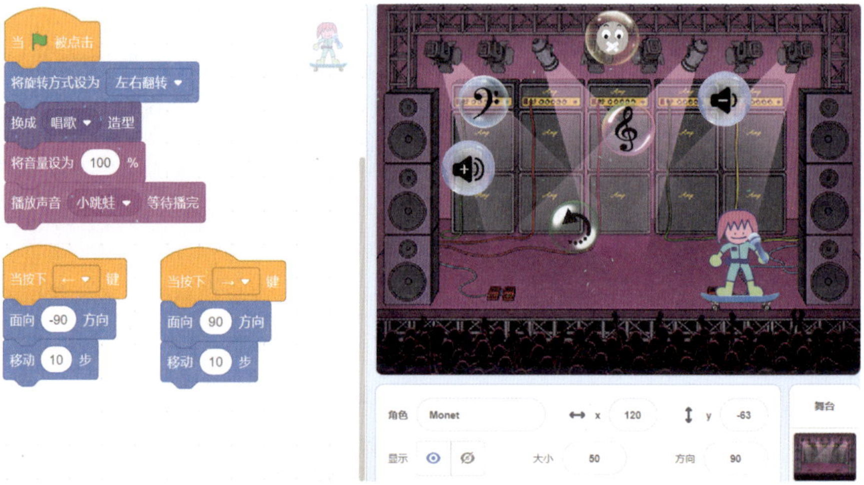

男孩走动唱歌效果图

小收获

这是第一个编程任务，相信你学到了不少编程知识和技能，也遇到了不少问题和挑战。如果需要改进，哪些方面可以进行改进或添加新元素呢？下面记录一下吧！

____

____

____

任务二 氛围气泡

我想做

随着音乐的响起，研研开始了他的演唱。他的歌声吸引了彩色泡泡，它们随着音乐的节奏在舞台上飞舞。彩色泡泡包含不同的音乐符号，它们有的是低声调泡泡，碰到会使自己的声调变低，有的是音量泡泡，碰到会使自己的音量增加或减少。____

____

新知识

新学积木块2

所属模块	积木块	功能
控制	如果 ◇ 那么	如果满足……条件，那么就执行积木块包围住的代码块
	等待 1 秒	使程序暂停执行1秒钟，然后继续执行后面的指令
侦测	碰到 鼠标指针 ▼ ？	用于检测角色是否与指定的对象（如鼠标指针）发生接触

趣编程

①添加泡泡角色。

导入低声调泡泡、高声调泡泡等6个角色，可以看到每个泡泡中都有一个小图标，它们代表着不同的作用。

将它们的大小设置为15。

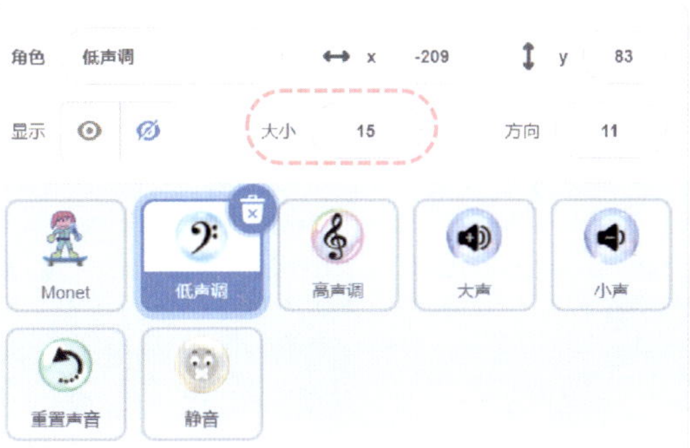

② 设置泡泡移动效果。

选择低音调泡泡，添加积木块。

由于泡泡是球状的，里面包含着音符图片，为了保证音符图形的固定显示，需要将泡泡的旋转方式设为“不可旋转”。

让泡泡出现在随机的位置，面向歌手Monet移动，重复执行移动两步，再设置碰到边缘就反弹，这样就能实现泡泡随机移动的效果。

想一想： 彩色泡泡如果碰到人物角色，会怎么样呢？

彩色泡泡虽然美丽，但十分脆弱。如果碰到人物，那么它会短暂幻灭。用积木块来表示，就是彩色泡泡会在触碰的地方消失，在新的地方重新出现。

继续为泡泡添加积木块，如果碰到Monet，就会等待0.1秒，然后移到新的随机位置。0.1秒是一个很短的时间，它使程序暂停执行一会儿，使得泡泡短暂地停留在Monet旁边，让我们清楚地看到碰撞。

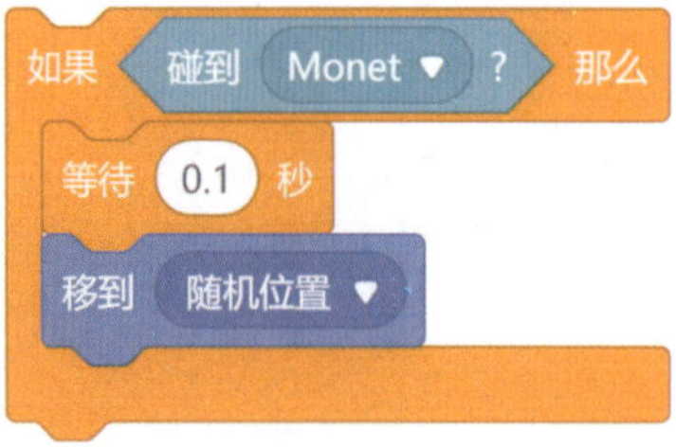

小贴士

通常“如果……那么……”积木块要放在“重复执行”积木块中。因为在很多情况下，程序需要不断地检查某个条件是否满足。比如，在游戏中，可能需要不断地判断角色是否碰到了某个物体。如果只是单纯地使用“如果……那么……”，那么程序只会检查一次这个条件，然后继续执行后面的代码，就不会再回来检查这个条件了。但是，把“如果……那么……”放在“重复执行”积木块中，程序就会不断地循环，反复地检查这个条件。这样，当条件满足时，程序就可以及时地做出反应。

③ 复制程序到其他泡泡。

除了“低声调”泡泡，还有5个彩色泡泡。如果依次给每个泡泡拖拽积木块进行编程，比较烦琐。既然每个泡泡上的积木块程序都是一样的，那就可以通过复制的方式完成其他角色的编程。

跨角色复制积木块的方法：拖动“低声调”泡泡上的积木块不松手，拖到目标角色上，当目标角色抖动时，就是将这些积木块放准位置时，这时松手即可完成复制。

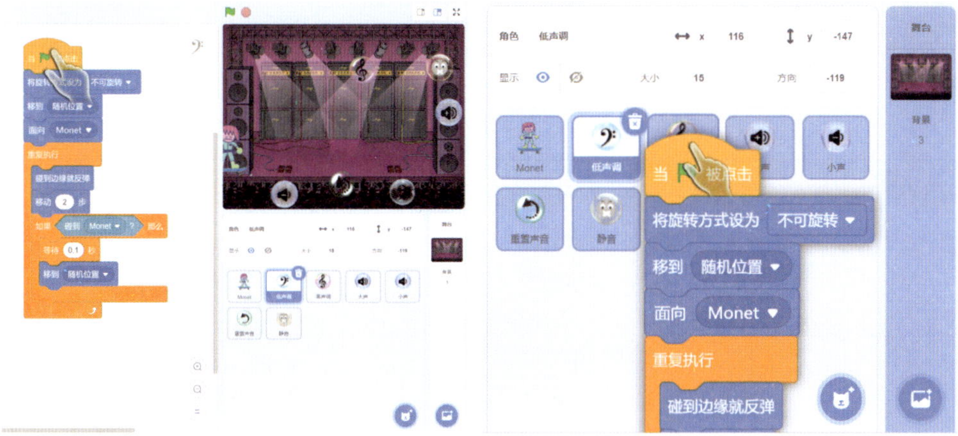

试一试：将本段积木块复制给所有泡泡。

小收获

这是第二个编程任务，通过实现彩色泡泡的飞舞，你学到了哪些编程知识和技能？遇到了哪些问题和挑战？还有哪些地方可以修改呢？下面记录一下吧！

____

____

____

____

____

____

____

观看教学视频

任务三　搞怪歌声

我想做

彩色泡泡不仅是装饰，用来营造氛围，它们还与研研的歌声共鸣。在表演中，如果不同的音符碰到音量泡泡，会升高或者降低研研的音量。也就是说，当遇到低声调泡泡和高声调泡泡时，他的声音音调会降低或升高。当研研遇到重置声音泡泡时，他的音效和音量会恢复成原样。需要注意的是，他需要躲避静音泡泡，因为那会使他失去声音，________________________

____

新知识

新学积木块3

所属模块	积木块	功　能
声音	停止所有声音	用于立即停止正在播放的声音，包括所有角色发出的任何音效
	将 音调 ▼ 音效增加 10	将当前播放声音的音调提高10个单位，使声音听起来更高
	将 音调 ▼ 音效设为 100	设置当前播放声音的音调，数值100表示基准音高
	清除音效	用于立即停止当前角色的所有音效，包括背景音乐和任何正在播放的声音，但不会影响其他角色的声音
	将音量增加 -10	将音量增加指定的百分比，负数则为减少

趣编程

①了解音调。

音调就像是声音的“高低台阶”。我们可以把不同的音调想象成不同高度的台阶。音调高的声音就像是站在比较高的台阶上，听起来比较尖锐、清脆，比如小鸟的叫声或者尖锐的哨声。而音调低的声音就像是站在比较低的台阶上，听起来比较低沉、厚重，比如大鼓的声音或者男低音唱歌的声音。

② 设置Monet碰到不同泡泡的反应。

如果研研碰到低声调泡泡，那么它的音调音效会降低10；如果研研碰到高声调泡泡，那么它的音调音效会增加10。

如果研研碰到大声泡泡，那么它的音量将增加10；如果研研碰到小声泡泡，那么它的音量将减少10。

如果研研碰到重置声音泡泡，那么它的音效将会被消除，音量也会恢复成初始值；如果研研碰到静音泡泡，那么将停止所有声音，同时，研研也不能歌唱了，相应的造型要变化成“闭嘴”造型。

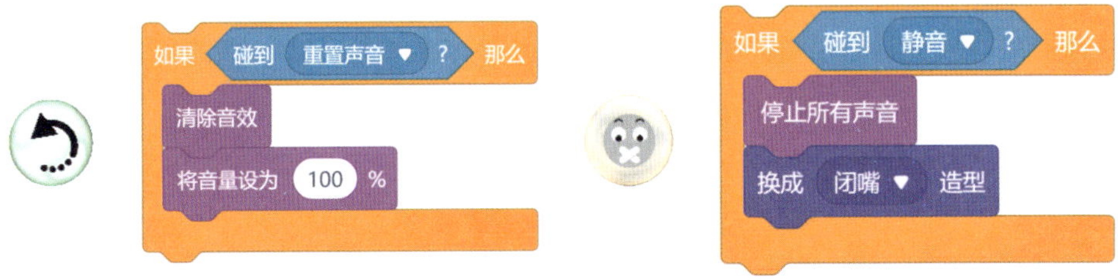

同样的，为了使程序重复地侦测人物角色是否触碰了氛围气泡，需要把上述积木块都放到重复执行中。为了使每次开始时音调都是正常的，还需要在小绿旗下先将音调音效设为0。

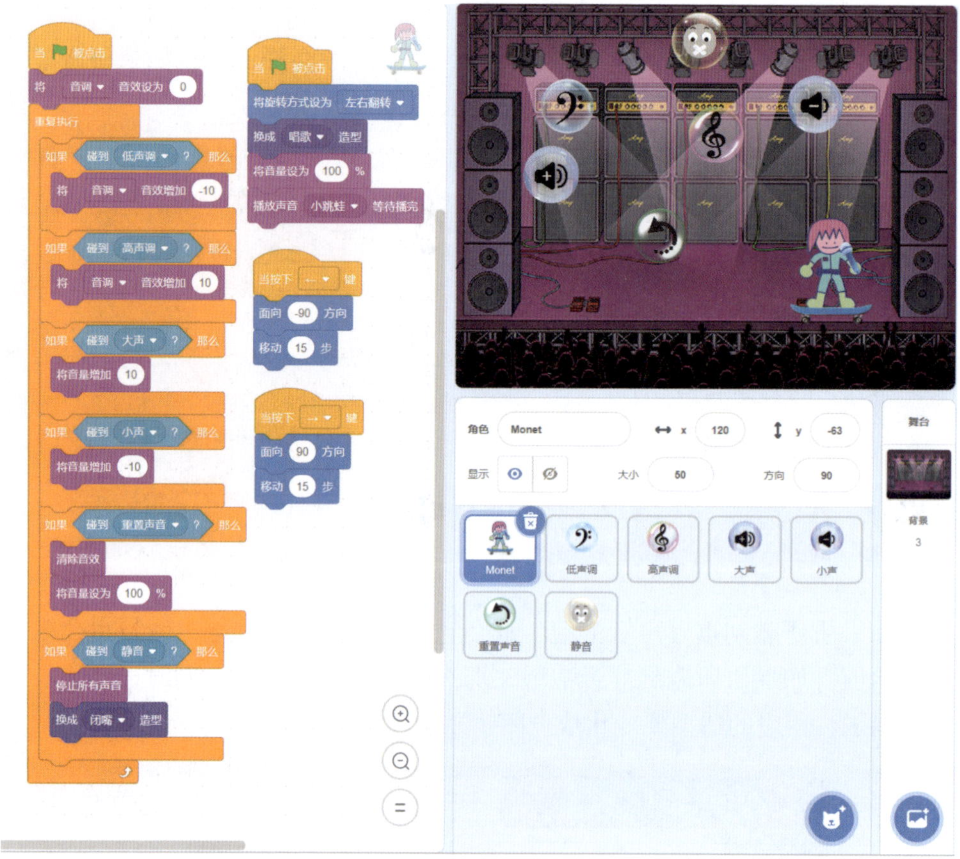

男孩搞怪唱歌效果图

小收获

这是第三个编程任务，通过设置人物角色与氛围气泡的互动，你学到了哪些编程知识和技能？遇到了哪些问题和挑战？还有哪些地方可以修改呢？下面记录一下吧！

观看教学视频

挑战一下

在音乐素材库中，还有《栀子花开》和《孤勇者》。请你尝试上传其他音乐，或者尝试录音，丰富研研的歌唱表演。

观看教学视频

在声音功能区，点击“录音”按钮，即可打开录制工具，你可以高歌一曲。

录制完成后，默认是掐头去尾的，你可以拖动音频上的工具裁剪需要的声音，然后保存。

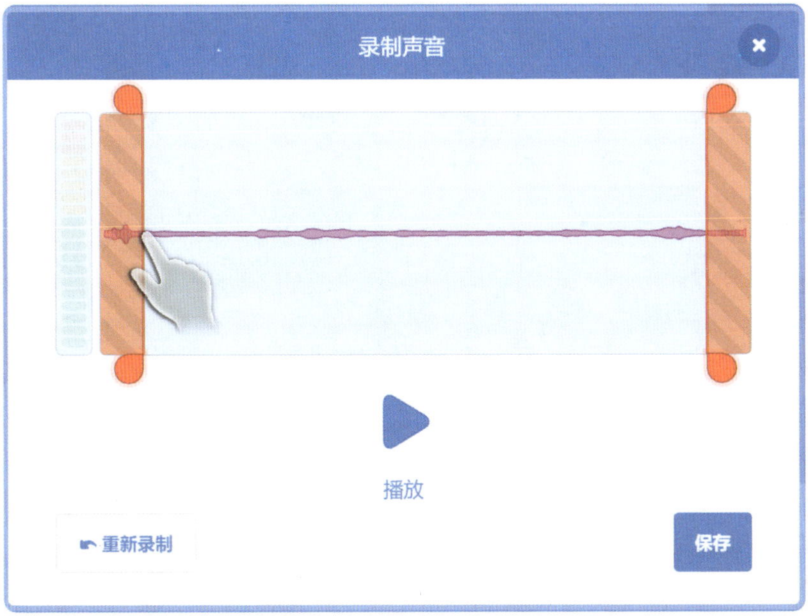

自我评价

现在是时候回顾一下本章的学习旅程了。本章介绍了声音模块中的大部分积木，还学习了跨角色复制积木块等编程技能，通过编程将音乐王国的歌唱舞台变得光彩夺目。你做出来的程序效果怎么样呢？请根据实际情况，为星星涂色打分。

序号	评价内容	评　　分
1	我能够熟练地控制声音的播放与停止	☆☆☆☆☆
2	我能够使用积木块设置和调整声音的音量和音效	☆☆☆☆☆
3	我理解“如果…… 那么……” 积木块的作用	☆☆☆☆☆

拓展积木（选看）

音量　　在声音模块中还有一块积木等待我们探索，这个积木块就是“音量”，它可以获取当前角色的音量，勾选它之后会在舞台上显示音量图标。

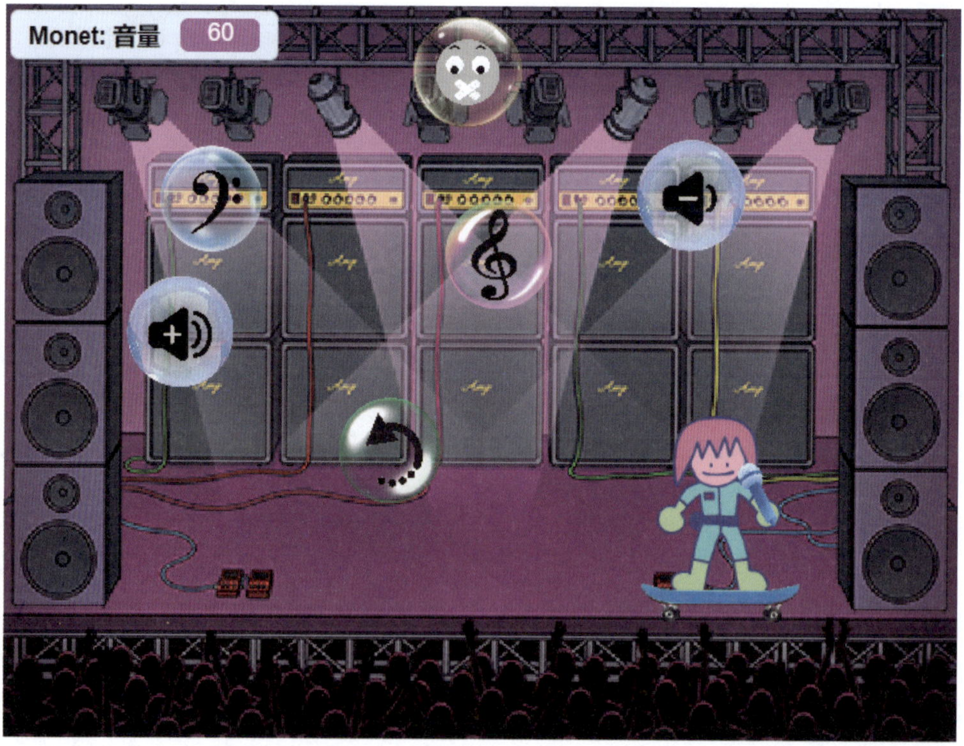

事件模块

学习目标

- 了解程序有不同的启动方式。
- 掌握广播与收到广播的使用。
- 了解响度的使用。
- 掌握点击角色启动程序。

灵感激发

猫与老鼠追逐的故事，一直以来都是深受大家喜爱的经典题材。无论是在动画片里看到的精彩情节，还是童话故事中读到的奇妙冒险，猫捉老鼠的场景总是那么引人入胜。在Scratch中能不能创作一个猫鼠追逐的小游戏呢？让一个人用鼠标来控制小老鼠，就像小老鼠真的在听我们的指挥一样，到处跑；另一个人用声音来控制猫，可以大声喊或者制造一些声音，让猫去追小老鼠。一起来制作这样一个双人小游戏《猫抓老鼠》吧！

猫抓老鼠

任务一　开始游戏

我想做

为游戏添加一个封面和一个开始游戏按钮，当点击按钮后即可开始游戏。____

____

新知识

新学积木块1

所属模块	积木块	功　　能
事件	当角色被点击	当点击角色后启动下方拼接的积木块
	广播 开始游戏 ▼	发出一个指定的消息
	当接收到 开始游戏 ▼	当接收到指定的消息后启动下方拼接的积木块

趣编程

① 首先添加游戏封面背景和开始按钮。

先在舞台添加封面背景，然后在角色库中选择“Button3”角色作为开始按钮。

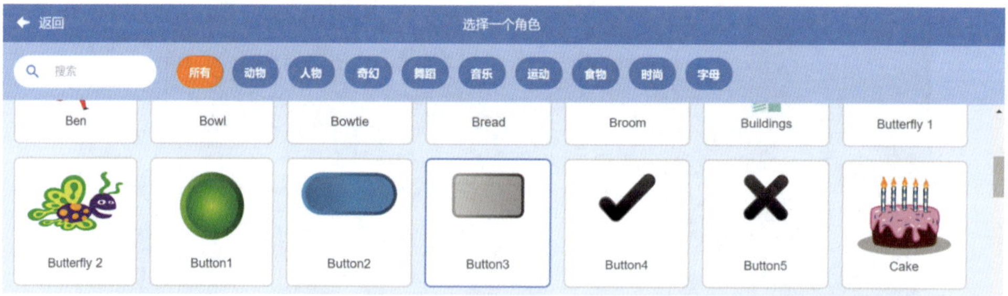

添加按钮

点击造型，选择灰色的造型，点击“字体”按钮，在添加的按钮上输入文字“开始”，拖动蓝色框右下角将文字拉大，最后更换字体的颜色即可。

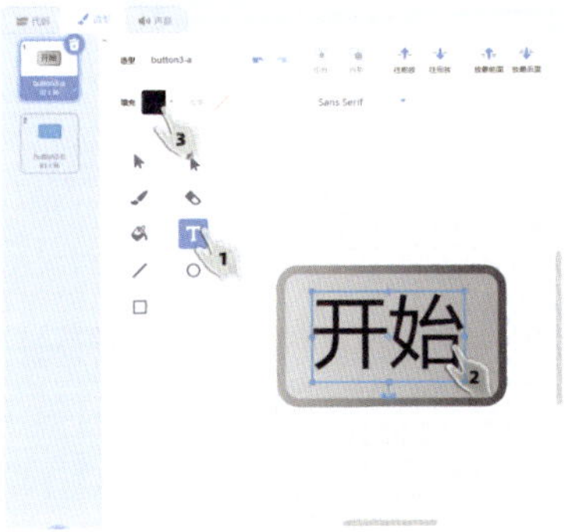

设计按钮

设计界面

② 设置点击按钮开始游戏。

为“按钮”角色添加积木块。

点击小绿旗时，按钮呈显示状态，当它被点击时，它的大小先增大10，等待0.1秒后再减小10。这样快速的增大和减小会使得按钮出现一个轻微的点击效果。让我们直观地看到“点到了按钮”。

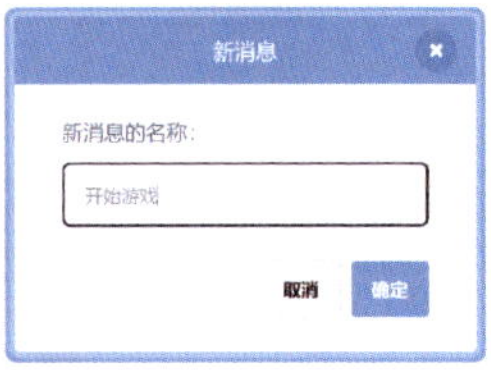

最后广播“开始游戏”，按钮隐藏起来。

点击“消息1”下拉按钮，选择“新消息”选项，在弹窗内输入新消息内容。

广播，就像学校里的大喇叭一样，会发出一个消息，当有人收到这个消息时，就要去做相应的事情。例如，广播通知“参加运动会的同学到操场集合”，那么当这些同学收到这个消息后，就要前往操场。

校园广播

当开始游戏后，封面就不能再显示了，需要为舞台添加“游戏背景”，当点击小绿旗时，先换成封面，当收到“开始游戏”广播后，就换成游戏背景。

游戏背景

小收获

这是第一个编程任务，将点击开始按钮作为游戏的开始方式，你学到了哪些编程知识和技能？遇到了哪些问题和挑战？还有哪些地方可以修改呢？下面记录一下吧！

____

____

____

观看教学视频

任务二　猫鼠追逐

我想做

玩家1用鼠标控制，让老鼠跟随鼠标指针移动，猫咪要始终盯着老鼠，寻找机会，当玩家2发出大的声音时扑过去。______________________________

____

新知识

新学积木块2

所属模块	积木块	功　能
事件		当切换到指定背景后启动程序
		当收到的声音响度大于指定数值时启动程序

趣编程

① 设置老鼠跟随鼠标指针移动。

添加角色

在角色库中添加猫、鼠角色，并分别为它们添加积木块，当点击小绿旗时隐藏。

在点击小绿旗时老鼠是隐藏的，当切换到“游戏背景”时显示。想要实现老鼠跟着鼠标指针走的效果要回顾在运动模块中学到的知识：小猫跟随大猫移动。

老鼠面向鼠标指针

老鼠要面向鼠标指针，并且向这个方向移动。隐藏老鼠需要两个积木块。

通过切换老鼠造型，还可以使它“跑”向鼠标指针。

本段“老鼠”角色完整积木块如下：

② 设置猫咪盯着老鼠，等待命令扑向它。

猫咪盯着老鼠，就像老鼠盯着鼠标指针那样，需要“面向对方”。

为“猫咪”角色添加积木块，当切换到游戏背景时猫咪出现，重复执行面向老鼠。

猫咪在等待玩家2下达命令，准备扑向老鼠。这里的命令并不是猫咪听懂人的语言去抓老鼠，而是达到一定高度的声音。玩家可以发出任何声音，只要音量达到猫咪的要求，它就会行动。

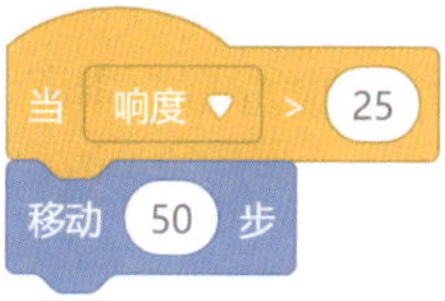

为“猫咪”角色添加积木块，当响度大于25时，移动50步。响度积木块会收集周围的声音，判断声音的大小，这里的25并不是一定的，大家可以根据实际情况调整。

猫咪和老鼠的对峙

小收获

这是第二个编程任务，通过设置老鼠和猫咪的移动方式实现了它们的追逐，你学到了哪些编程知识和技能？遇到了哪些问题和挑战？还有哪些地方可以修改呢？下面记录一下吧！

____

____

____

观看教学视频

任务三　被抓或逃走

我想做

当老鼠被猫咪抓到后游戏就失败了，如果有一个老鼠洞，让老鼠能够逃脱，那么老鼠就能成功躲避猫咪。________________________________

____

趣编程

①绘制老鼠洞。

绘制一个角色，使用圆形工具绘制一个黑色的圆，命名为“老鼠洞”。

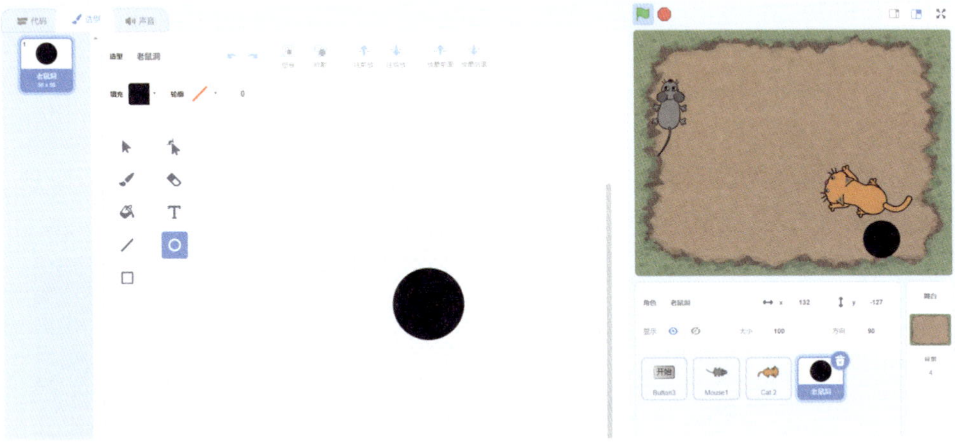

设计老鼠洞

为“老鼠洞”添加积木块。

当点击小绿旗时老鼠洞隐藏，在游戏背景时老鼠洞显示。注意，为了避免老鼠洞遮盖到其他两个角色，要让它移到最后面。每隔3秒，移动到一个新的随机位置。

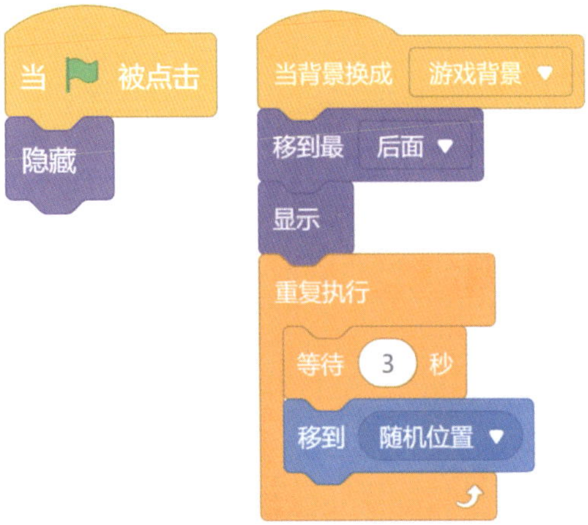

② 老鼠被抓或逃脱。

导入“老鼠逃跑”“老鼠被抓”两个背景。

老鼠被抓背景

老鼠逃跑背景

继续在重复执行中为老鼠添加积木块。

当老鼠碰到猫咪时，切换到老鼠被抓的背景，老鼠隐藏。

老鼠被抓

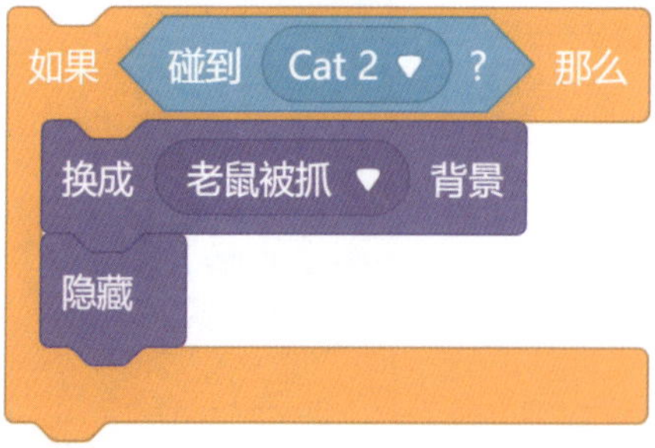

当老鼠碰到老鼠洞时，切换到老鼠逃跑的背景，老鼠隐藏。

老鼠逃跑

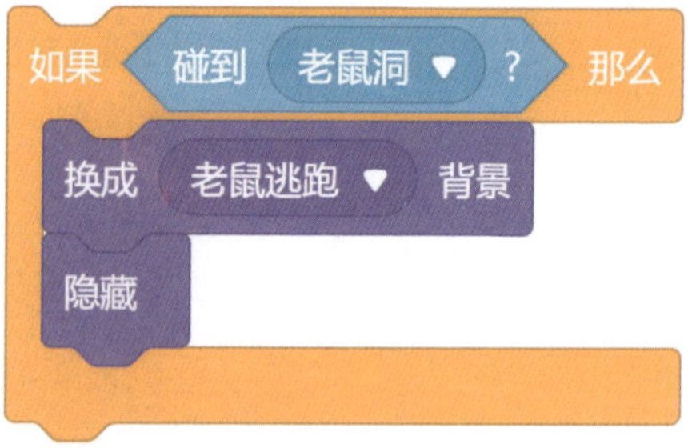

完整的积木块如下。

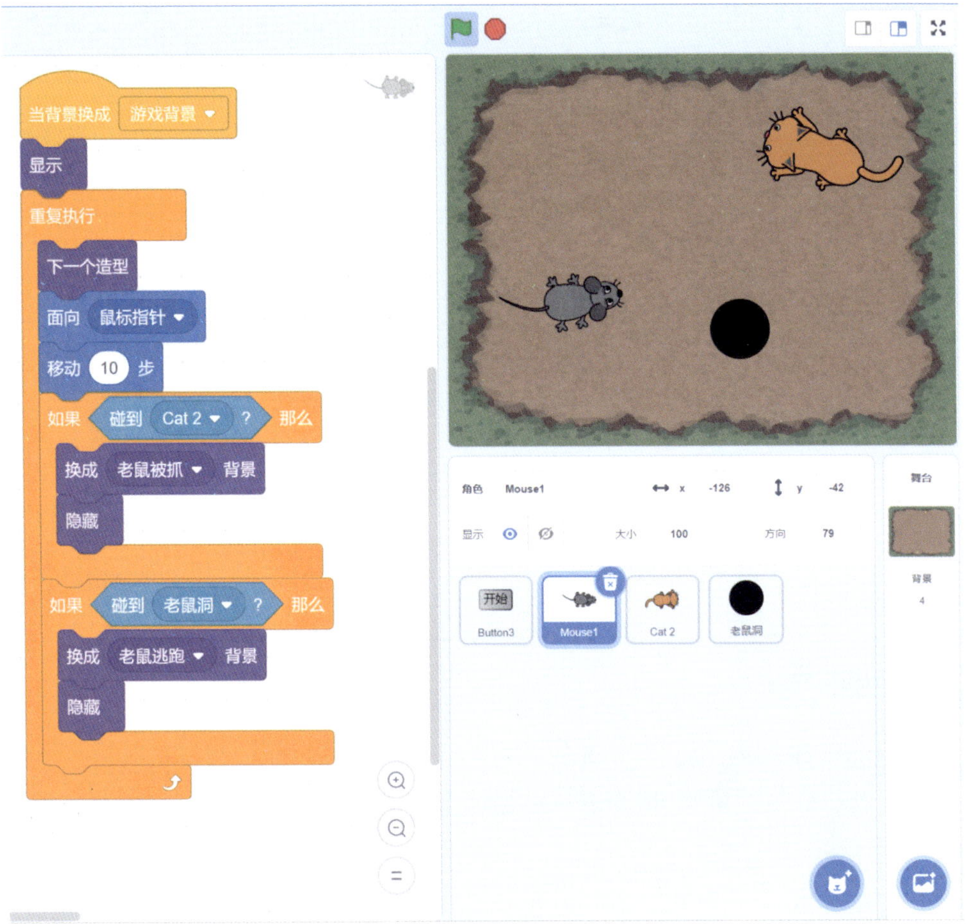

关于老鼠的主要积木块

不管老鼠是被抓还是逃脱，切换背景后都应该让舞台上的角色隐藏。为猫咪和老鼠洞都添加积木块：当背景切换到“老鼠被抓”“老鼠逃跑”背景时，老鼠隐藏。

小贴士

如果每次点击小绿旗都是老鼠被抓，那么就要改变老鼠出现的位置。在舞台的左上角是点击小绿旗的地方，当游戏开始时老鼠会立刻前往鼠标指针的位置，如果恰好猫咪也在这个位置，就会导致一直被抓。为了避免这个问题，可以在老鼠或者猫咪的积木块中插入“移到随机位置”积木块。

小收获

这是第三个编程任务，通过处理老鼠与老鼠洞、猫咪的关系，设置了游戏的结束方式，你学到了哪些编程知识和技能？遇到了哪些问题和挑战？还有哪些地方可以修改呢？下面记录一下吧！

____

____

____

观看教学视频

挑战一下

游戏的体验感怎么样？现在老鼠获得一项特权，当响度大于35时，老鼠会隐藏1秒，快为老鼠添加这个特权吧。

观看教学视频

自我评价

现在是时候回顾一下本章的学习旅程了。本章介绍了事件模块中的部分积木，通过背景的切换串联这个双人游戏。你做得怎么样呢？请根据实际情况，为星星涂色打分。

序号	评价内容	评　分
1	我理解多种启动程序的方式	☆☆☆☆☆
2	我理解广播的作用，能够实现广播的发送和接收	☆☆☆☆☆
3	我能够使用声音控制作品中的角色	☆☆☆☆☆
4	我能够点击角色，使角色做出我设定的动作	☆☆☆☆☆

拓展积木（选看）

在事件模块中还有一个积木块等待大家探索。

这个积木块也可发出一个广播，不同的是它有一个“并等待”。这个积木块的作用是发出一个广播后程序停在这里，等待接收广播的角色把它的程序执行完毕，再继续执行原程序。

效果示意图

开始按钮的积木块

小鸟的积木块

当点击“开始”按钮后，“开始”按钮不会马上隐藏，而是等小鸟收到消息后，飞到舞台上，把它本段的程序运行完之后，“开始”按钮才会隐藏。

控制模块

学习目标

- 通过控制模块的常用积木块实现小鱼的多方向运动。
- 通过综合使用多种类型的重复执行积木块和克隆积木块控制污染物的排放。
- 通过综合运用控制模块和事件模块中的广播积木块来加强游戏的竞争机制。
- 了解角色的导出与导入。

灵感激发

在一个遥远的海洋深处，有一个被称为“碧波城”的美丽珊瑚礁。这里的海洋生物们和谐共处，享受着平静的生活。然而，有一天，人类往大海里排放了大量污水，碧波城的宁静被打破，辐射污染迅速蔓延，对海洋生物造成了极大的威胁。

一起来创作《海底危机》小游戏吧，告诉人们，要保护我们的海洋！

污染的海洋

任务一　小鱼游动

我想做

小鱼波波是碧波城的居民，它偶然间游到了一个管道口附近。当看到扑面而来的污水时，它吓蒙了。请你帮助它逃离危险的污水。通过计算机键盘上的方向键，控制小鱼快速游动。如果按向右方向键，则小鱼往右边移动；如果____

____

新知识

新学积木块1

所属模块	积木块	功　能
侦测	按下 空格 ▼ 键?	检测空格键按下与否

趣编程

① 添加海底背景和小鱼角色。

在右下角找到“选择背景”按钮，单击“上传背景”按钮，找到“海底.png”并打开，在舞台上，可以看到这是一片美丽的海洋。

接下来添加小鱼。这里请注意，这条小鱼和之前添加的小鱼有些不太一样。点击“上传角色”按钮，在素材包中可以看到一个“小鱼.sprite3”文件。这个文件是一个导出的小鱼角色。

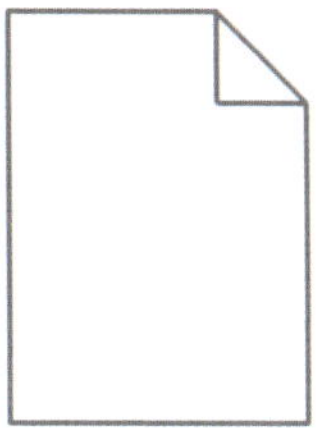

小鱼.sprite3

选中这个文件并添加，可以看到一条小鱼出现在了舞台中间。这条小鱼已经被设置好了大小（45），并且已经有了三个积木块，其作用是：当点击小绿旗时，先将小鱼移动到（x:0,y:0）位置，即舞台中心的位置，将旋转方式设置为左右翻转。

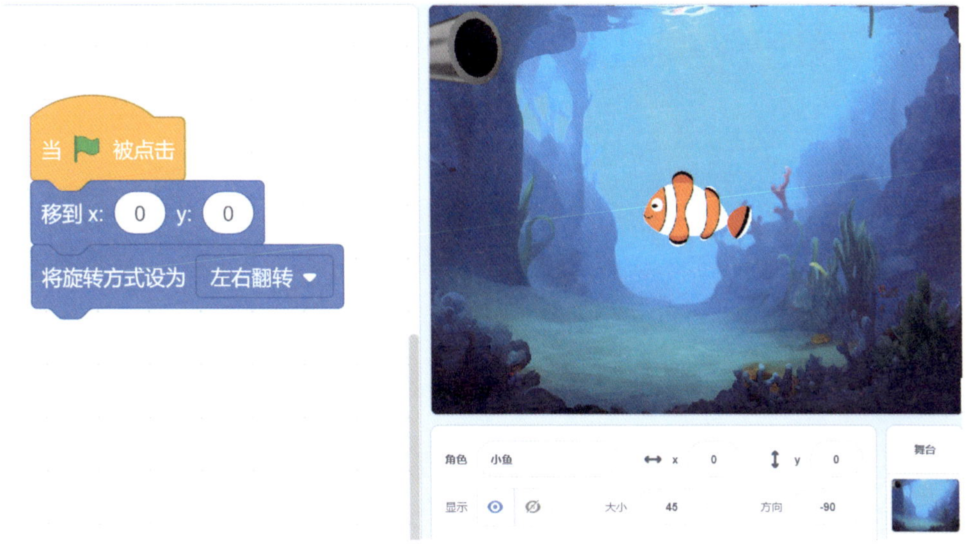

小贴士

选中角色，点击鼠标右键，选择“导出”命令，可以将角色导出。导出角色就是把一个角色从一个Scratch项目中提取出来，包含角色的造型、声音、积木块和大小属性等，以便在其他项目中重复利用角色的外观、积木块和声音等资源。

② 设置小鱼游动。

继续为小鱼角色添加积木块。

让小鱼重复移动3步，碰到边缘就反弹。为了让小鱼活灵活现地游动，还可以加入“下一个造型”。

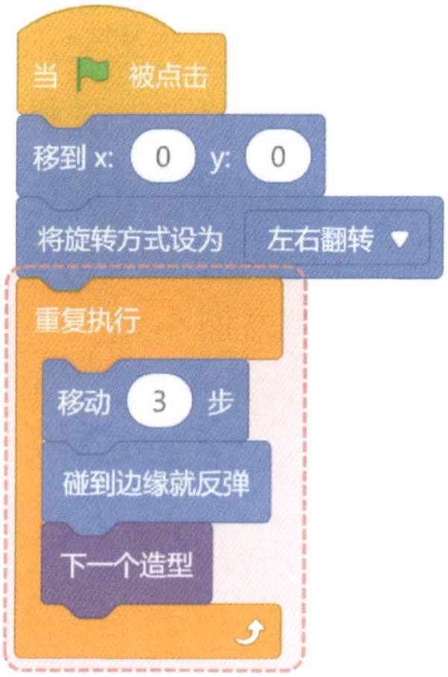

小贴士

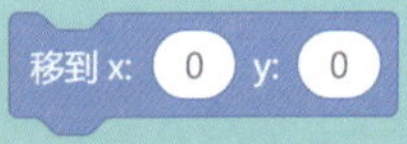

该积木块可以将角色移动到舞台中间的位置（x:0,y:0），精确控制角色在舞台上的位置。

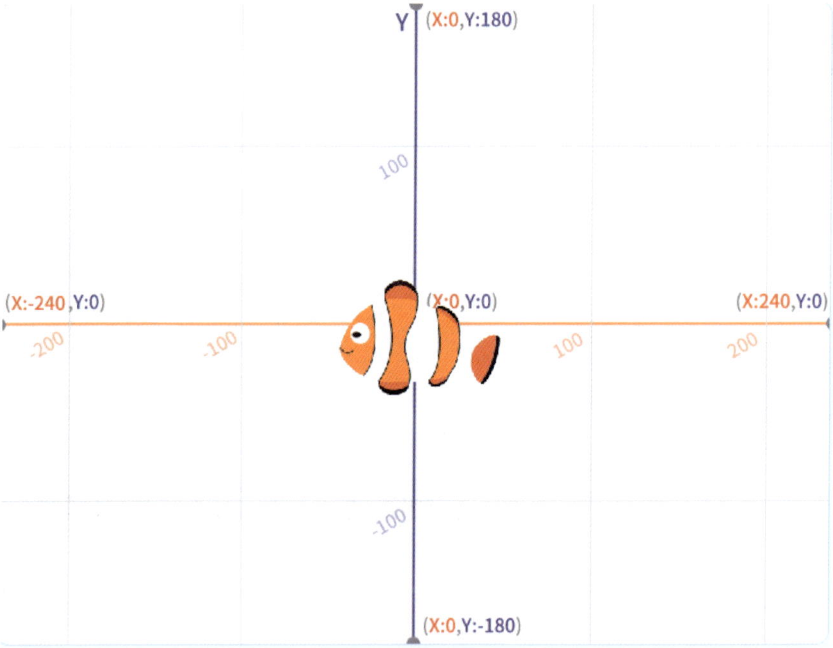

小鱼的坐标位置

③ 控制小鱼游动。

想一想： 怎么样通过键盘上的按键来帮助小鱼多方向游动？

继续为这条小鱼添加控制积木块，通过方向键控制小鱼向多方向游动。

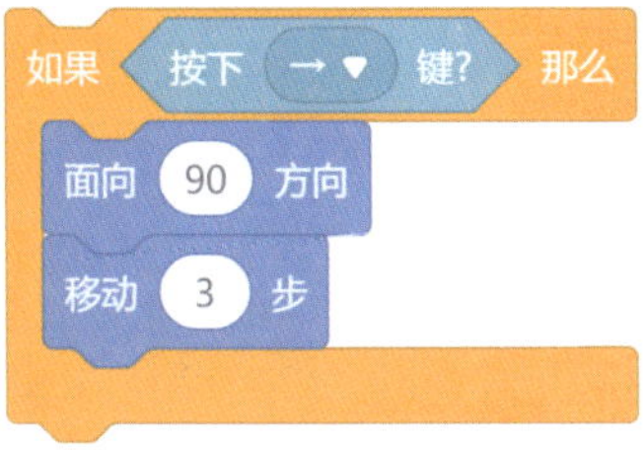

如果按→方向键，那么小鱼向右游动

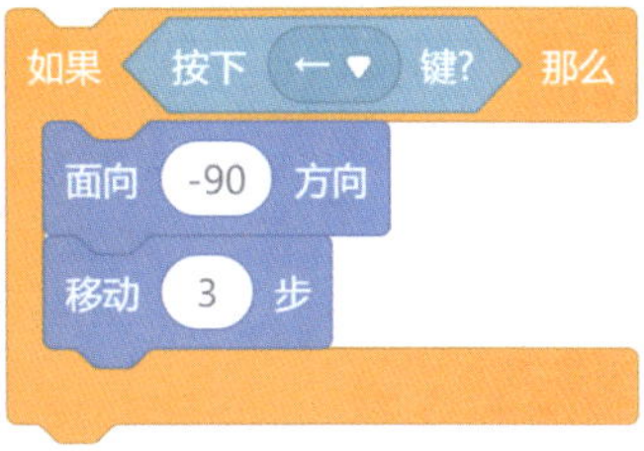

如果按←方向键，那么小鱼向左游动

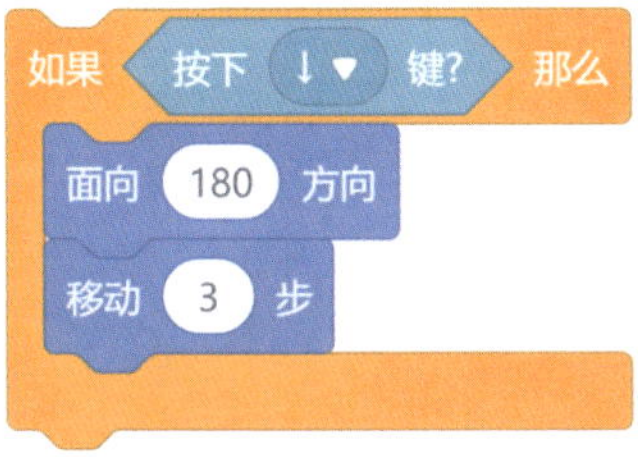

如果按↓方向键，那么小鱼向下游动

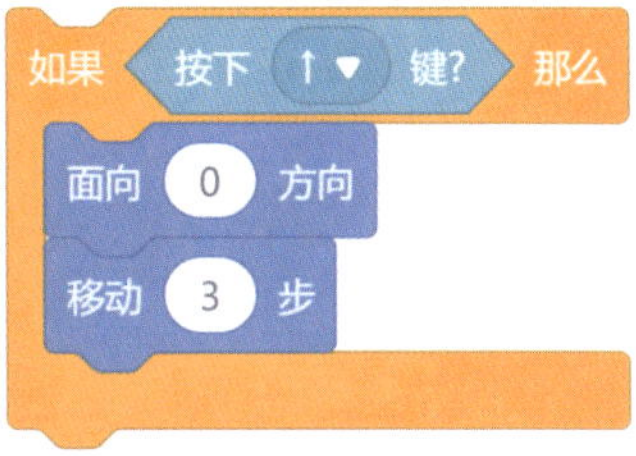

如果按↑方向键，那么小鱼向上游动

将控制小鱼移动的积木块放置在“重复执行”中。

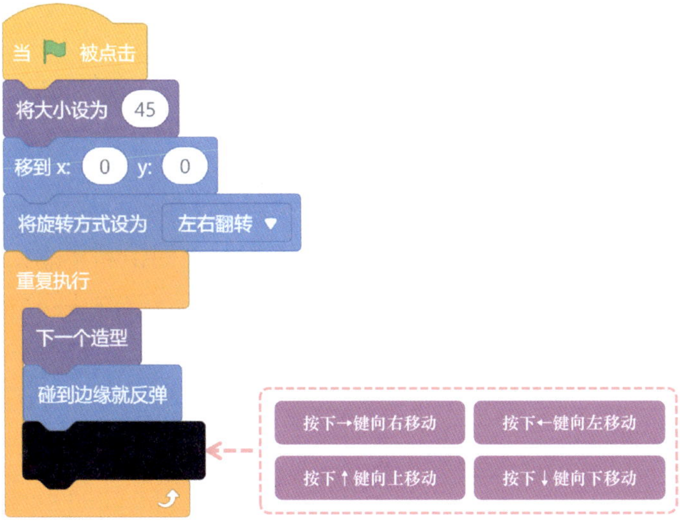

试一试：目前介绍了两种通过按键控制角色移动的方式，这两种方式有什么区别呢？

____

____

____

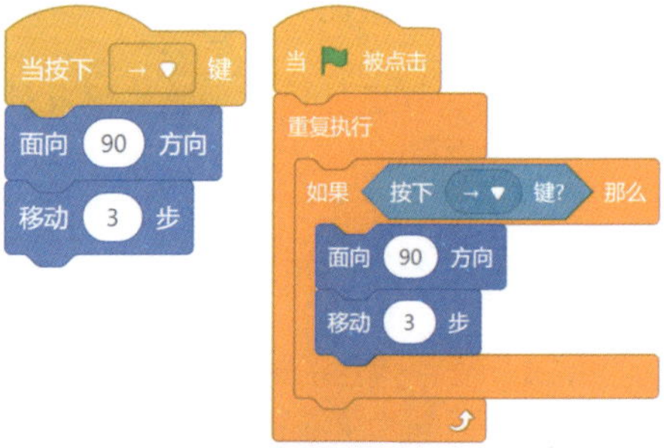

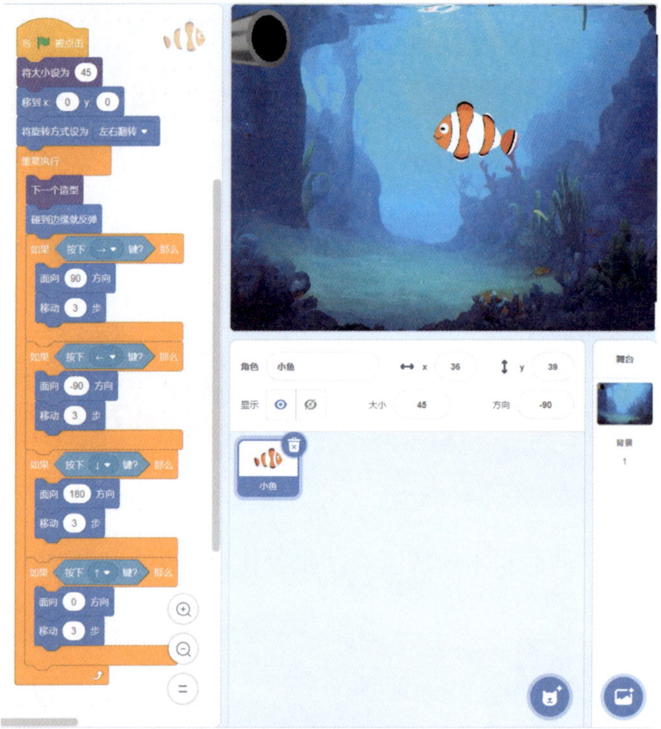

小鱼游动效果图

小收获

这是第一个编程任务，相信你学到了不少编程知识和技能，也遇到了不少问题和挑战。如果需要改进，可以在哪些方面进行改进或添加新元素呢？下面记录一下吧！

____

____

观看教学视频

任务二 污染物出现

我想做

球状的污染物从管道里源源不断地排放出来。本任务设置污染物每隔2秒增加一些，每次增加3个，每个间隔1秒。当污染物出现后，四处扩散。但30秒后污染物会淡化，自动消失。________________________________

____

新知识

新学积木块2

所属模块	积木块	功　能
控制	重复执行 10 次	一种循环控制结构，它允许设定一个重复执行的次数（这里是10次），将这个积木块包围住的代码块会连续执行设定的次数
	重复执行直到	一种条件循环结构，它会不断执行包围在其中的代码块，直到满足某个指定的条件，循环就会停止
	克隆 自己 ▾	允许一个角色复制出自己的一个“分身”，每个“分身”可以独立于原角色进行操作和移动
	当作为克隆体启动时	用于实现克隆体的特定行为
	删除此克隆体	用于消除当前克隆体，常用于管理克隆数量或结束克隆体行为

趣编程

①了解克隆。

克隆，就像是创造出许多一模一样的“分身”。在 Scratch 里，可以对一个角色进行克隆，“变”出很多个和角色一样的“分身”。

为什么要使用克隆呢？想象一下，在做一个游戏时，游戏里有很多星星需要从天空中落下来。如果一颗一颗地去添加这些星星，那会非常麻烦。但是，如果使用克隆功能，就可以只创建一个星星角色，然后通过克隆让它变出很多颗星星，这样就轻松多了。

克隆体可以有自己独立的行为和属性。比如，可以让克隆体以不同的速度移动，或者在不同的时间出现和消失。注意，克隆体也不能无限制地产生哟。如果克隆体太多，可能会让程序运行变得缓慢或者出现混乱。因此，要合理地使用克隆功能。

试一试： 添加“污染物”角色，将大小设置为10，并为它添加积木块：当点击小绿旗时就克隆污染物。当污染物作为克隆体启动时，使其移动100步。观察运行效果，说说你的发现。

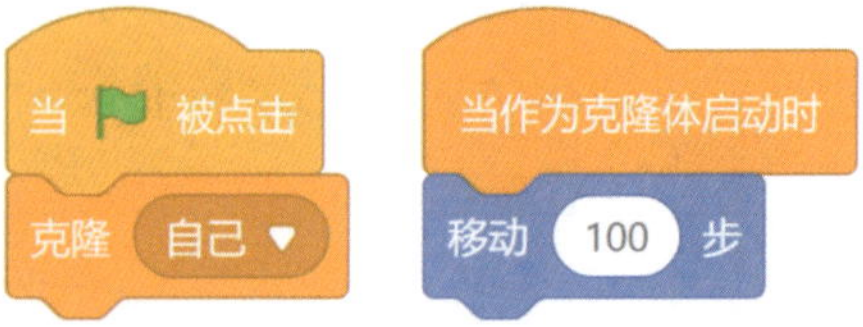

____

② 设置污染物的克隆方式。

在克隆时，一般让本体（被克隆的角色）隐藏，让克隆体显示，并完成相关的动作。

将污染物拖动到管道口，设置这个位置是它的初始位置，隐藏起来。

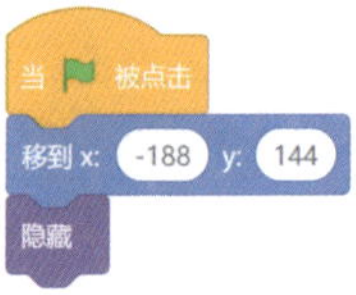

污染物的位置

预设克隆体产生的方式是：每轮克隆3个，每次克隆间隔1秒，每轮间隔2秒再次克隆。

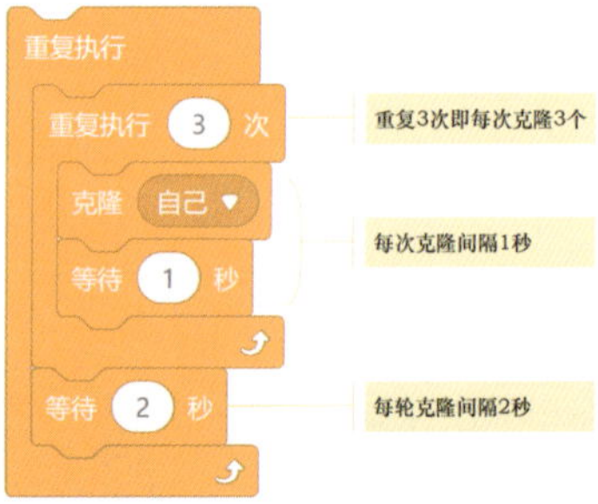

想一想： 还能设计哪些克隆方式？

____

____

____

③ 设置克隆体的移动。

当克隆体启动时，首先要显示出来，随后面向小鱼移动。在移动过程中，碰到边缘就反弹，如果碰到了小鱼，那么就停止移动。

同样的，可以设置每个克隆体的生命周期是30秒，30秒后将克隆体删除。

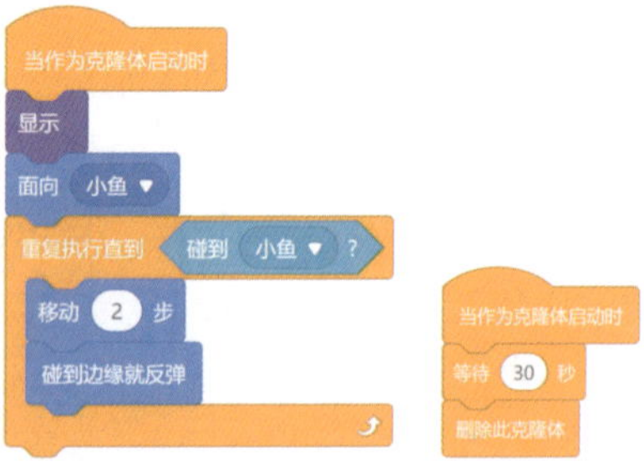

试一试： 还能怎样编程才能达到上面的效果？请大胆尝试，体会编程的异曲同工之妙。

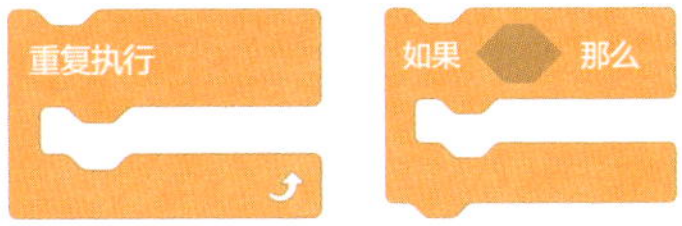

程序中用到了控制模块中的一个新积木块“停止这个脚本”，此积木块的下拉列表中包含如下选项。

全部脚本：停止所有角色的所有程序和行为，相当于完全停止了程序。

这个脚本：停止当前角色的当前程序段。

该角色的其他脚本：停止该角色除当前执行的程序外的其他程序。

参考程序如下。

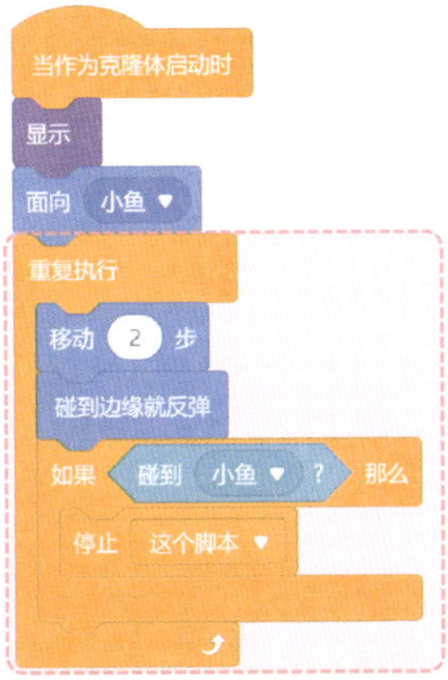

想一想： 这两种控制克隆体移动的方式有什么区别？

____

____

污染物排放的效果图

小收获

这是第二个编程任务，通过编程模拟污染物的排放，你学到了哪些编程知识和技能？遇到了哪些问题和挑战？还有哪些地方可以修改呢？下面记录一下吧！

____

____

____

观看教学视频

任务三　坚持60秒

我想做

这片海域危机四伏，小鱼波波必须独自坚持60秒，才能等到海洋环保局的救援。如果能坚持60秒，就会____________________；在这一分钟内，小鱼一旦碰到____________________，就会挑战失败。

新知识

新学积木块3

所属模块	积木块	功　能
控制	停止 全部脚本 ▼	用于立即终止当前角色的所有脚本和行为，使角色停止响应任何指令
	等待	使程序暂停执行，直到满足特定的条件或事件

趣编程

① 添加游戏提示。

游戏提示作为一个新角色，拥有两个造型，分别是挑战成功和挑战失败。

挑战成功

挑战失败

首先，添加“提示”角色。先上传“成功.png”，将角色名改为“提示”。接着点击右上角的“造型”标签，从“造型”界面的左下角选择一个造型，点击“上传造型”按钮，在弹出的对话框中选中“失败.png”，点击“打开”按钮，即可增加新的造型。

为“提示”角色添加积木块。

为了美观，要将“提示”角色置于舞台中央（x:0，y:0），在游戏开始时，它需要先隐藏起来，等触发条件满足时，才显示出来。

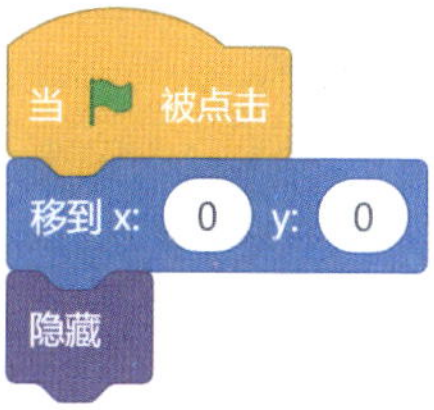

② 设置游戏胜利和失败的条件。

为小鱼添加积木块。

当小绿旗被点击时，等待60秒，广播发送成功的消息。

当小绿旗被点击时，程序停在这里，如果碰到污染物，则广播发送失败的消息。

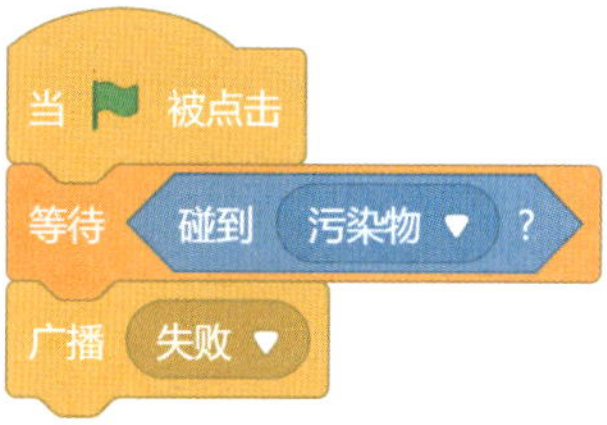

③ 设置游戏成功和失败的提示。

最后，根据挑战成功与挑战失败两种情况，编写相对应的提示程序。当收到胜利或失败的广播后，让“提示”移动到最前面，显示在舞台最上层，换成相应的造型并且显示出来。停止所有程序，表示游戏停止。

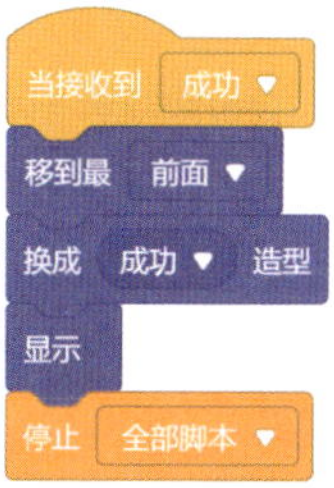

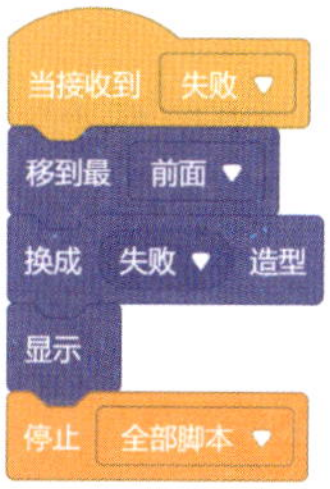

小收获

这是第三个编程任务，通过设置60秒的救援时间，使得该游戏让人生出一种对胜利的期待。只要能帮助小鱼坚持1分钟不被污染，就能挑战成功，否则挑战失败。通过这次海底救援，你学到了哪些编程知识和技能？遇到了哪些问题和挑战？还有哪些地方可以修改呢？下面记录一下吧！

____

____

观看教学视频

挑战一下

请你使用之前所学的积木块继续优化这个作品，设置当小鱼碰到污染物后会闪烁一次，表示受到了污染。挑战一下吧！

观看教学视频

小鱼受到污染

自我评价

现在是时候回顾一下本章的学习旅程了。本章介绍了控制模块中的部分积木块，还介绍了联合事件、侦测等多种积木块实现复杂的程序效果，通过编程完成了有意义的海底救援游戏。你做得怎么样呢？请根据实际情况，为星星涂色打分。

序号	评价内容	评　分
1	我能够熟练地使用“如果……那么……”积木块	☆☆☆☆☆
2	我能够根据实际情况选用不同的重复执行积木块	☆☆☆☆☆
3	我能够联合侦测、广播等积木块来加强游戏的竞争机制	☆☆☆☆☆

拓展积木（选看）

在控制模块中还有一块积木等待大家探索，这个积木块就是“如果……那么……否则……”

“如果”后面跟着的是一个条件。如果满足了这个条件，就会执行“那么”后面的指令。如果不能满足这个条件，就会执行“否则”后面的指令。

通过类比“如果……那么……”，理解它的含义。

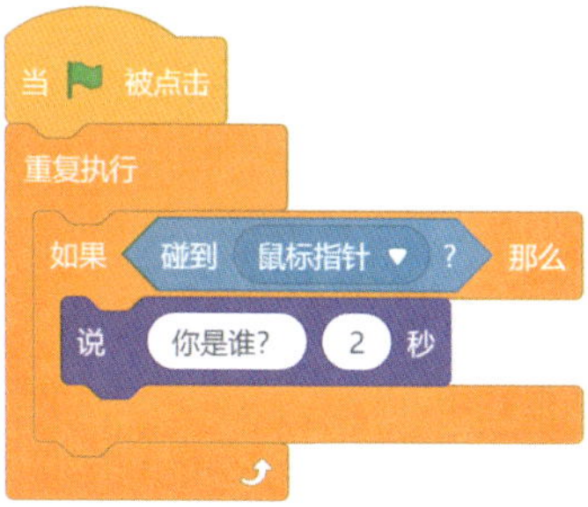

如果这个角色碰到鼠标指针会说：“你是谁？”

如果这个角色碰到鼠标指针会说：“你是谁？”没碰到鼠标指针的时候会说：“你好！”

侦测模块

学习目标

• 掌握通过“询问—回答”实现与角色的互动。
• 掌握检测物体碰撞的条件与方法，学习角色的旋转与旋转方式。
• 了解按键控制条件的使用。
• 了解x坐标、y坐标的基本使用。
• 了解如何通过侦测积木块获取更多角色的信息。

灵感激发

在热闹非凡的校园运动会上，“击鼓颠球”这个特别的团队活动总是能吸引大家的目光。同学们齐心协力，紧紧拉住鼓上的绳索，努力控制着鼓面的平衡，让球在鼓面上欢快地跳跃。那一刻，大家的眼神专注，每一次成功的颠球都伴随着兴奋的欢呼，每一次失误都伴随着相互的鼓励。如果能把这样有趣的活动通过 Scratch 制作成一个小游戏，让更多的人能够随时随地体验到击鼓颠球的乐趣，感受团队合作的力量，那该是多么有意义的事情！

一起来创作《击鼓颠球》小游戏吧！

击鼓颠球游戏

任务一 加入团队

我想做

一个男孩询问玩家的名字，邀请玩家加入击鼓颠球的团队。

新知识

新学积木块1

所属模块	积木块	功能
侦测	询问 你叫什么名字? 并等待	角色询问指定内容并弹出一个回答输入框，等待用户输入回答
	回答	保存“询问……并等待”积木输入回答，只保存最近一次输入的值。如无任何输入，则是空值

趣编程

① 首先添加体育馆背景和男孩角色。

在素材包中找到“体育馆”和“男孩”，分别上传到舞台作为背景和角色。

男孩角色与体育馆背景

② 男孩询问玩家名字。

为男孩角色添加积木块：点击小绿旗时移动到指定的位置，随后询问“你叫什么名字？快加入我们吧！”玩家可以在输入框内输入信息。

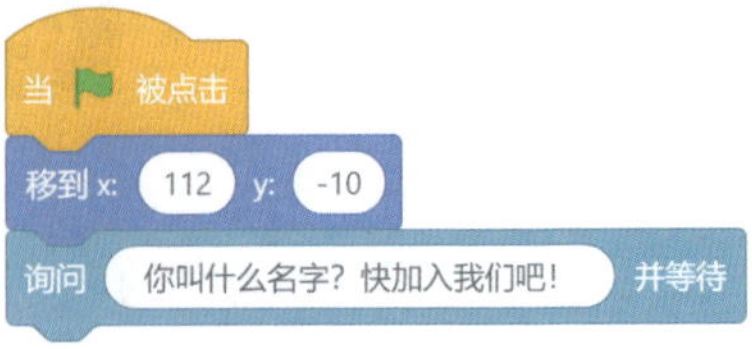

男孩询问效果1

男孩询问效果2

小贴士

如果角色呈隐藏状态，询问积木块会有不同的效果。

③ 欢迎玩家加入击鼓颠球团队。

★ 信息的存储

玩家在输入框里输入的信息可以保存在 回答 中，它就相当于一个盒子，可以装各种信息，但只能装一个。再次询问其他问题后，“回答”中装的信息就是最新输入的信息。

★ 信息的读取

勾选“回答”复选框，可以在舞台上显示。

“回答”中存储的信息也可以与其他积木块组合使用，例如将“回答”中的内容说出来。

为男孩角色添加如下积木块，当玩家输入姓名后，男孩能够说出玩家姓名，欢迎玩家加入，并开始游戏。

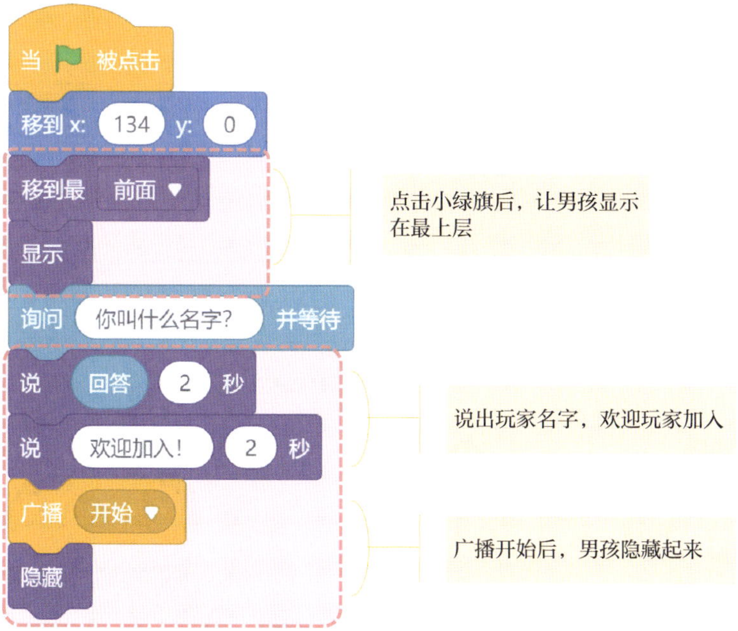

小收获

这是第一个编程任务，相信你学到了不少编程知识和技能，也遇到了不少问题和挑战。如果需要改进，可以在哪些方面进行改进或添加新元素呢？记录一下吧！

____

____

____

观看教学视频

任务二 凝心聚力

我想做

一个击鼓颠球的团队，能够一起移动，整齐地完成大鼓的“起”和“落”。______________________________

____

新知识

新学积木块2

所属模块	积木块	功　　能
运动	将x坐标增加 (10)	将角色的 x 坐标增加指定数值

趣编程

①设置团队的初始状态。

导入团队素材，共有“起”和“放”两个造型，将大小改为50。

“放”造型

“起”造型

为团队角色添加积木块，点击小绿旗后确定初始位置。

```
当 🏴 被点击
移到 x: (0) y: (-80)
```

想一想：如何通过按键控制团队左右移动呢？

____

____

____

团队角色

② 实现按键控制团队的移动。

之前介绍过通过“面向某个方向，移动多少步”来控制角色移动。

向上移动

向下移动

向左移动

向右移动

这里介绍一种新的方式——使用坐标移动角色。Scratch 的舞台就像一个大大的棋盘，棋盘上的每一个点的位置都可以用两个数字来确定，例如中心点（0, 0），这两个数字就是坐标。在 Scratch 中，水平方向称为x轴，垂直方向称为y轴。

请你观察下图，看一看能发现什么规律？

X坐标为0
Y坐标为-80

“团队”角色初始位置

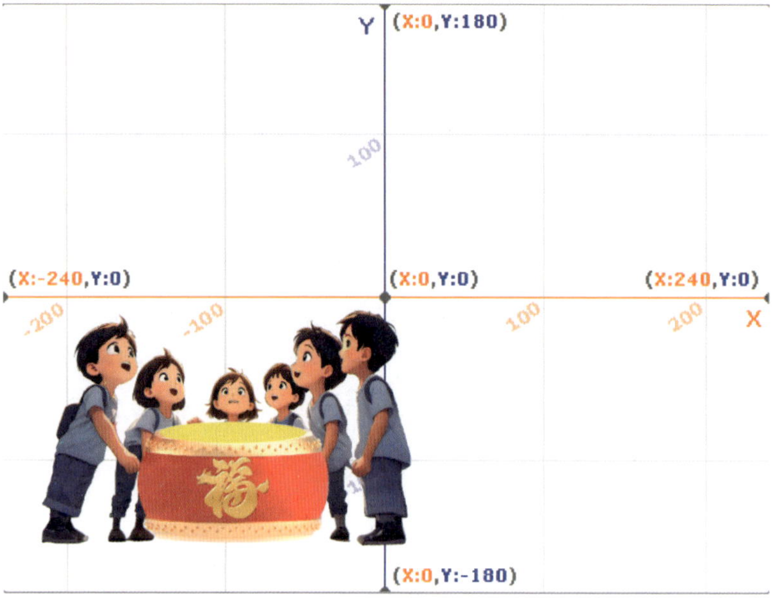

X坐标为-100
Y坐标为-80

团队角色位置1

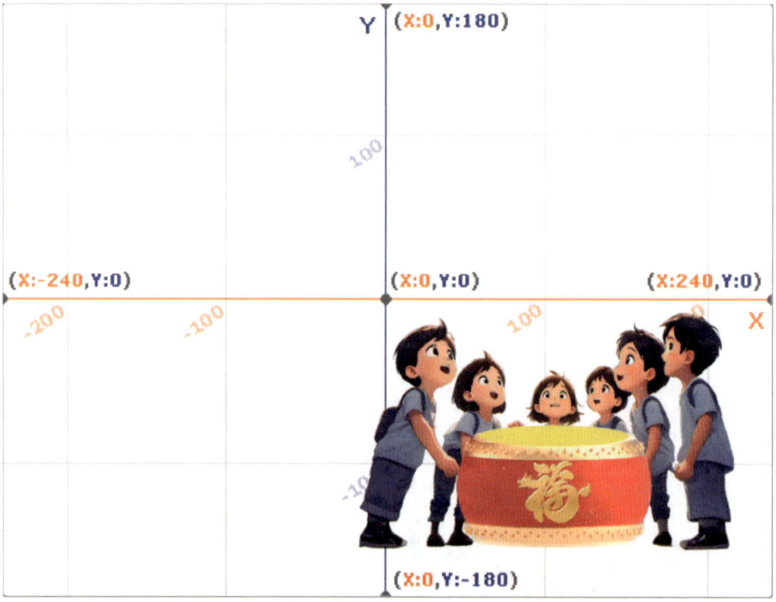

X坐标为100
Y坐标为-80

团队角色位置2

可以观察到团队角色所在的位置，Y坐标没有变化，当X坐标变小时，它向左边移动，当坐标X变大时，它向右边移动，因此，可以通过改变X坐标来移动角色。

继续为团队角色添加积木块。当接收到开始消息后，重复执行判断语句，即是否按下→按键或者←按键。按下→按键，则将X坐标增10，相当于向右移动10步；按下←按键，则将X坐标增-10，相当于向左移动10步。

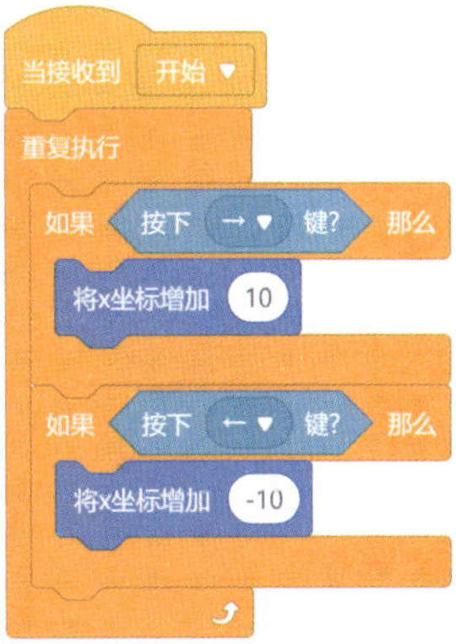

小贴士

增加“-10”相当于减少10。

③ 实现颠球动作。

团队角色共有“起”和“放”两个造型。控制这两个造型的切换，就实现颠球效果。

在“重复执行”中，继续补充积木块，当按下↑按键时，大鼓是抬起的，切换为“起”造型，否则大鼓一直是放下的，造型为“放”，这里用到的是“如果……那么……否则……”积木块。

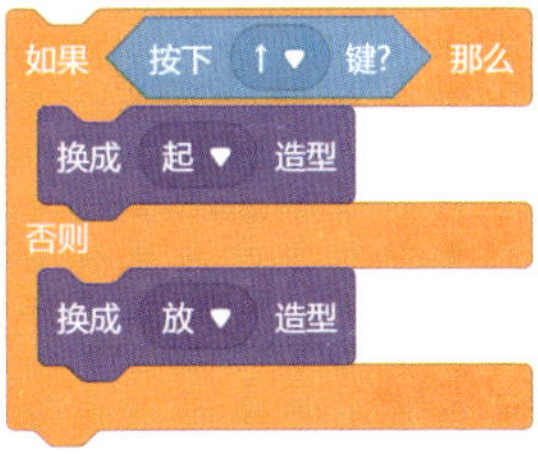

想一想： 这个积木块与“如果……那么……”有什么区别？“如果……那么……”能实现这样的效果吗？

____

____

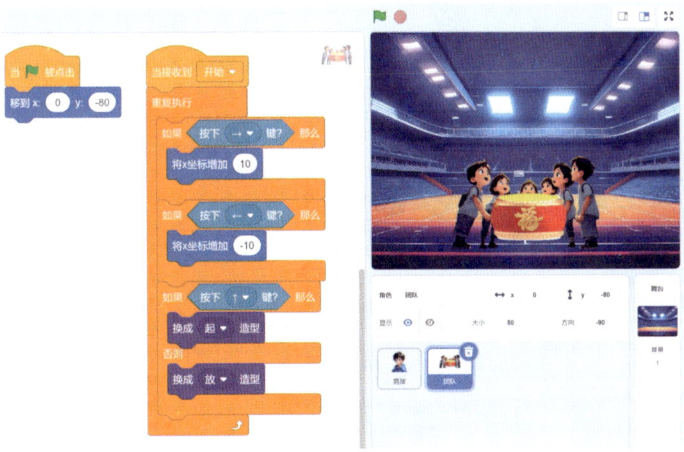

团队角色示意

小收获

这是第二个编程任务，通过“按键+坐标”的形式实现了控制团队角色左右移动。你学到了哪些编程知识和技能？遇到了哪些问题和挑战？还有哪些地方可以修改呢？记录一下吧！

观看教学视频

任务三　篮球跃动

我想做

篮球被团队击起、接住、击起、接住，如此循环。篮球在体育馆内反弹，不能让篮球落在地上，那样就会失败，需要将球捡起，重新开始。

新知识

新学积木块3

所属模块	积木块	功　能
侦测	碰到颜色 ( ) ?	检测角色是否碰到指定颜色
	团队 ▼ 的 造型名称 ▼	获取舞台或指定角色的x坐标、y坐标、方向、造型等信息（可以在下拉列表中选择舞台、角色或各种信息）
	将拖动模式设为 可拖动 ▼	设置角色在运行程序时是否可拖动
运算	( ) = 50	等于号，判断两边的数字或字符是否相等
	在 1 和 10 之间取随机数	在两个指定的数字之间的范围内随机取得一个数字

趣编程

①首先设置篮球初始动作。

导入篮球角色，将大小设置为20，放置在舞台顶部。

篮球初始位置

当游戏开始后，让它移动到最前方，防止被遮挡，面向180° 方向（面向下方），重复执行“移动10步”并且“碰到边缘就反弹”。

试一试： 运行程序试一试，观察篮球的运动效果，我发现

____

____

____

想一想： 需要满足哪些条件才能用鼓接住篮球？

____

____

____

②实现用鼓击篮球效果。

观察下方的图片，可以看到，当篮球和鼓接触时，篮球碰到了黄色的鼓面，如果这时候“颠鼓”（也就是将造型切换到“起”），就能将篮球击飞。

因此有两个条件需要满足。一是篮球碰到黄色，二是团队的造型为“起”。

篮球与鼓的碰撞

需要用到的第一个条件是

。点击积木块中的颜色可以调节颜色，也可以吸取舞台上的颜色，这里使用取色器吸取鼓面的黄色。

颜色的吸取

需要用到的第二个条件如下。

这是一个组合条件，由两个积木块拼接而成。“团队的造型名称”可以获取当前团队角色使用的造型名称，也就是说积木块可以判断造型名称是不是“起”。

那么，如何将篮球击飞呢？因为篮球是一直在移动的状态，其实只需改变篮球的运动方向，就可以获得击飞的效果。

当篮球碰到鼓的时候，可以将击飞的方向预设为-45°～45°，在这个范围内随机选择

小贴士

打开下拉列表框可选择相关信息。

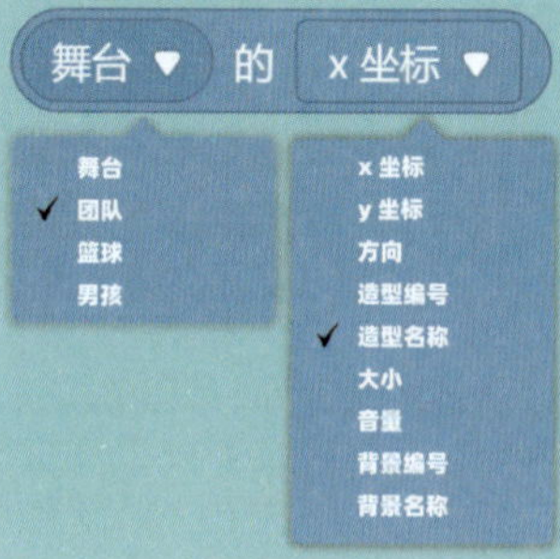

一个角度，让球面向这个方向。

击球方向

完整积木块如下。

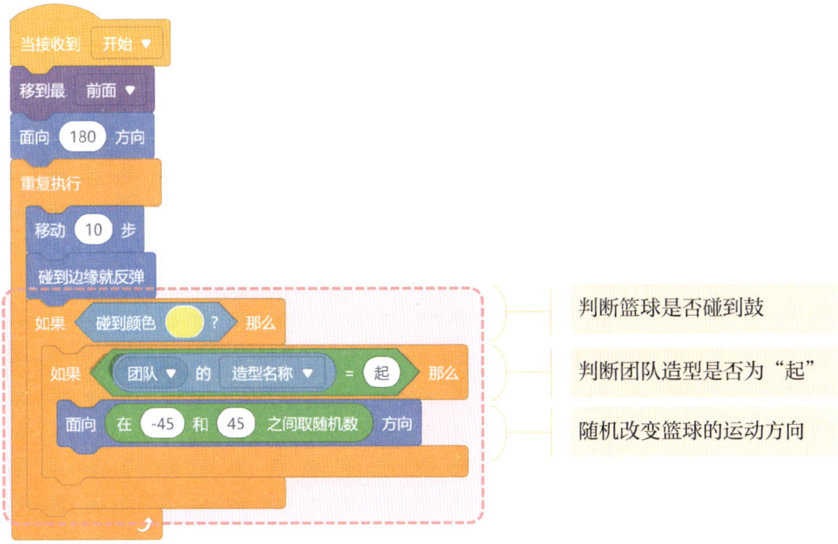

③ 失败与重启。

当篮球掉落地面时，游戏失败，需要将篮球捡起来重新开始。

首先导入“地板”角色，将它固定在舞台底部，放到最底层。

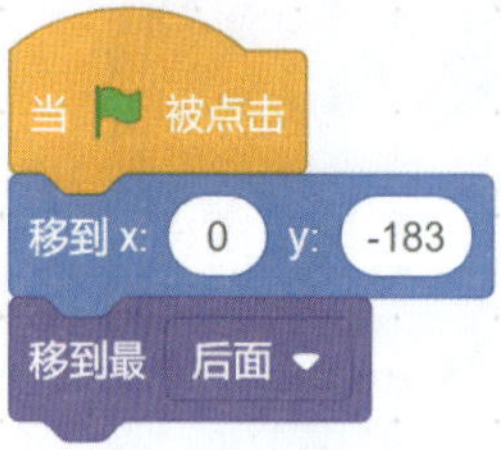

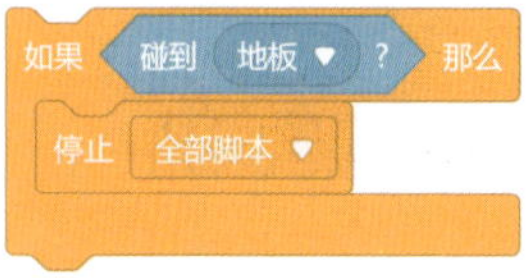

接着判断篮球是否落地，即判断是否碰到地板。

最后，实现篮球掉落后捡球重启。这里需要将篮球的拖动模式改为“可拖动”，在全屏模式下进行游戏可以将掉落的篮球拖到原来的位置。同时，当点击篮球时，重新广播“开始”。

为篮球角色补充如下积木块。

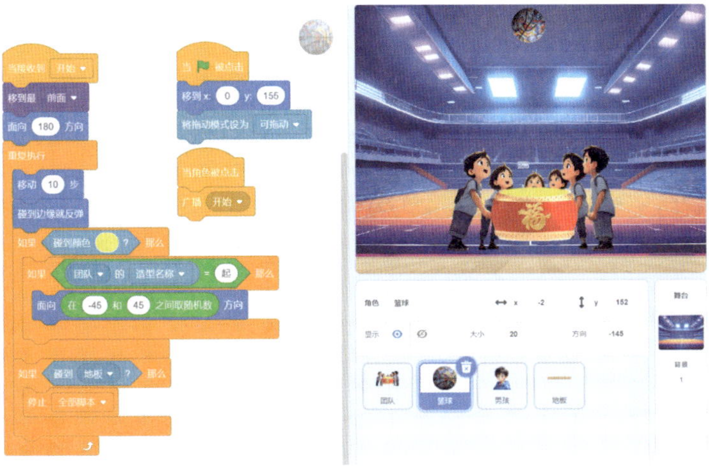

篮球的完整积木块

小收获

这是第三个编程任务，通过实现篮球移动及击飞篮球的效果，你学到了哪些编程知识和技能？遇到了哪些问题和挑战？还有哪些地方可以修改呢？记录一下吧！

____

____

____

观看教学视频

挑战一下

击鼓颠球中团队的精彩表现总是能引来阵阵喝彩。为了能更好地指挥团队，队长们常常会准备一些口令，如“123起”“121”“拉”等词语，当队员们听到口令就会统一行动。现在你作为队长，该如何指挥团队呢？

观看教学视频

在本节下面的拓展积木中学习使用侦测模块中的“响度”，在《击鼓颠球》作品中为团队角色添加功能，当响度大于20时实现“颠球”。

自我评价

现在是时候回顾一下本章的学习旅程了。本章介绍了侦测模块中的部分积木块，还介绍了如何通过坐标移动角色，通过“随机数”“等于”积木块实现了随机的击球效果，你做得怎么样呢？请根据实际情况，为星星涂色打分。

序号	评价内容	评　分
1	我能够理解并使用“询问—回答”积木块	
2	我能够通过侦测中的积木块获取某个角色的造型名称	
3	我能够理解并使用坐标控制角色移动	
4	我能够理解“碰到颜色”并使用积木块	

拓展积木（选看）

在运动模块中还有很多积木块等待大家探索，这些积木块会在后面的章节中介绍，当碰见它们时，大家可以通过阅读积木块上的文字，或者拖动到编辑区，点击它观察效果等方式了解它。

下面是一些积木块的简要介绍。

这个积木块用于检测一种颜色是否碰到另一颜色。使用取色器可以吸取角色或背景上的颜色。

例如，在拳击游戏中，如果判断蓝色（蓝方手套颜色）碰到红色（红方手套颜色），则这个攻击将会被格挡。

拳击游戏

下面这个积木块用于计算当前角色到鼠标指针或另一角色的距离。

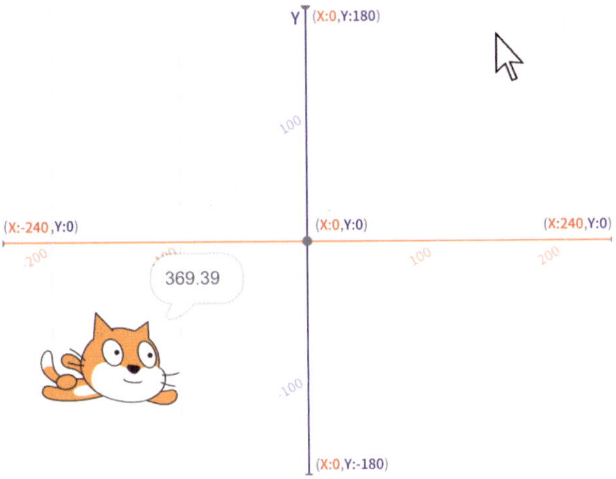

例如，让角色说出“到鼠标指针的距离”。

下面这个积木块可判断鼠标是否被按下。

下面这两个积木块可以分别获取鼠标指针在舞台上的x坐标和y坐标。

这个积木块需要你允许使用计算机麦克风功能，它获取计算机麦克风收集到的声音的响度值，范围为1～100。

选择此积木块后，可以在舞台上看到实时的响度数值。

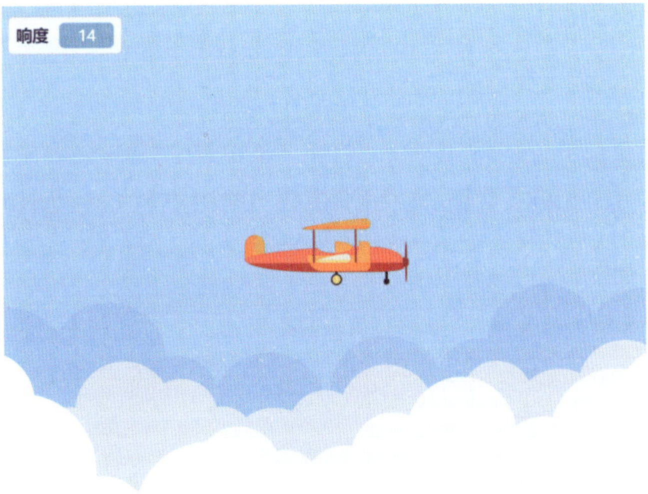

获取响度举例

下面这两个积木块常常一起使用，前者用于获取计时器数值，后者用于让计时器归零。需要注意的是，打开软件后计时器就开始计时了，点击小绿旗或者使用计时器归零积木块才可以使它归零。勾选计时器后，可以在舞台上看到计时时间。

下面这个积木块可获取当前时间的年、月、日、星期、时、分或秒。勾选这个积木块后可以看到实时的显示。

获取时间举例

小贴士

在国外，周日是每周的第1天，所以周一是第2天，周二是第3天，以此类推，周六是第7天。这里获取的星期数值是按照这种方式计算的。

下面这个积木块可计算出2000年至今的天数。

下面这个积木块用于获取当前用户名（离线不可用）。

运算模块

学习目标

- 能够嵌套使用“连接……和……”积木块。
- 能够掌握逻辑运算符“与”“或”“非”的使用。
- 能够熟练使用随机数。
- 了解数字运算符的使用。

灵感激发

一直以来，射击类活动都有着独特的魅力。无论是在电视上看到的专业射击比赛，还是在游乐场里体验的打靶游戏，那紧张、刺激的氛围和命中目标的成就感都让人难以忘怀。

如果将射击的刺激和挑战与Scratch编程结合起来那该多好啊！接下来一起制作一个练习射击的小游戏《百发百中》，这样每个人都可以像勇敢的战士一样，瞄准目标，扣动扳机，感受射击的乐趣和成就感。

打靶射击

任务一 参加训练

我想做

游戏开始时，训练员询问玩家名字，欢迎玩家加入。

新知识

新学积木块1

所属模块	积木块	功能
运算	连接 苹果 和 香蕉	将两个字符拼接在一起，如“苹果香蕉”

趣编程

① 导入背景和训练员角色，设定训练员角色的初始位置和状态。

训练员初始状态

② 欢迎玩家加入。

训练员询问玩家的姓名后，要欢迎玩家。在前面的编程练习中，通过两个积木块实现了欢迎玩家，但是用了两句话。

如何用一句话来表述呢？需要用到的是如下积木块。

它可以将文字拼接在一起，并且可以嵌套多个积木块，将多段文字拼接成一句话。

训练员欢迎“效果”

在初始状态下，继续为训练员角色添加右侧的积木块，实现训练员欢迎后开始游戏。

小收获

这是第一个编程任务，通过“连接……和……”积木块实现了将多段文字拼接成一句话欢迎玩家进入游戏。如果需要改进，可以在哪些方面进行改进或添加新元素呢？下面记录一下吧！

____

____

____

观看教学视频

任务二　打靶训练

我想做

游戏开始后，用鼠标控制瞄准镜移动，按下空格键填充子弹，点击鼠标实现打靶，并且实现子弹的消耗与填充。______________________________

____

新知识

新学积木块2

所属模块	积木块	功　能
运算	不成立	判断某个条件是否不成立
	( ) - ( )	计算前一个数减去后一个数

趣编程

① 分别导入瞄准镜、子弹、靶子、弹痕角色，并设置初始状态。

当 ⚑ 被点击 将大小设为 (30)	当 ⚑ 被点击 将大小设为 (60) 移到 x: (210) y: (-94)	当 ⚑ 被点击 移到 x: (0) y: (0) 移到最 后面 ▼	当 ⚑ 被点击 将大小设为 (5) 隐藏
将大小设为30	将大小设为60，放置在舞台右下角并将角色名字改为“子弹”	将位置设置在舞台中间，移动到底层，避免遮挡到其他角色	将大小设为5，隐藏起来（射击后再显示）

② 设置子弹造型，实现射击效果。

首先打开子弹造型，点击鼠标右键，选择“复制”命令，复制子弹造型。

复制造型

然后点击选择框，画出矩形，选中第一颗子弹，按计算机键盘上的删除键。接着将新造型的名称改为“5颗子弹”。

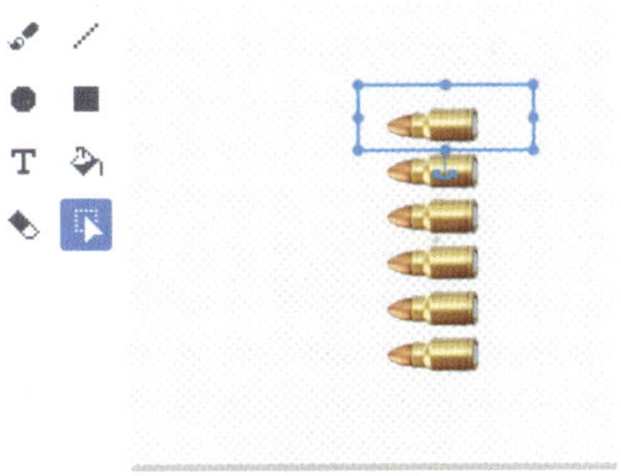

修改造型

以此类推，直到将子弹删除完，依次设置子弹的造型和名称。最后一个造型为空，名称为“空子弹”，表示子弹打完了。下面将通过造型的切换来呈现子弹的消耗。

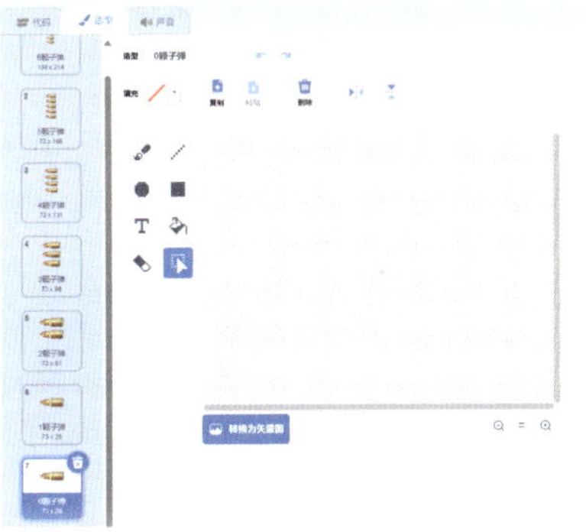

子弹的所有造型

设定用鼠标控制瞄准镜移动，点击鼠标时实现射击。

为瞄准镜角色添加积木块，当接收到开始的消息后，让它重复执行“移到最前方”，并跟随鼠标指针移动。

用鼠标控制瞄准镜

接着继续为瞄准镜添加积木块，当接收到开始的消息后，重复执行判断语句，即有没有按下鼠标按键，如果按下鼠标按键就广播“射击”，射击时间间隔0.3秒。

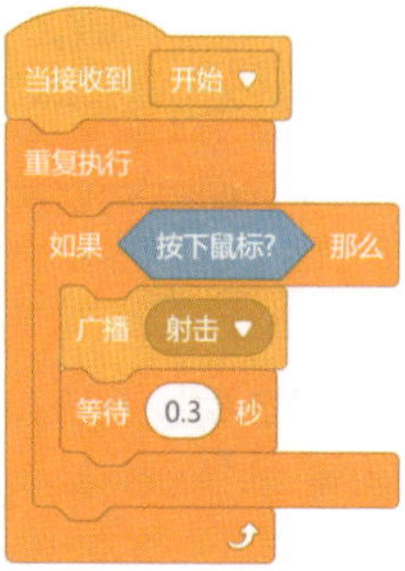

想一想： 什么情况下可以进行射击？仅仅只是点击鼠标就可以吗？

刚刚设置了子弹造型，了解到子弹会被“打光”，而将子弹打光后就不可以射击了，相反，在没有将子弹打光的条件下是可以射击的。

“空子弹”的造型编号为7，当这个条件不成立的时候，也就是还有子弹，可以进行射击。因此使用这个积木块来添加一个射击的条件：如果按下鼠标按钮后，子弹不为空，则可以进行射击。

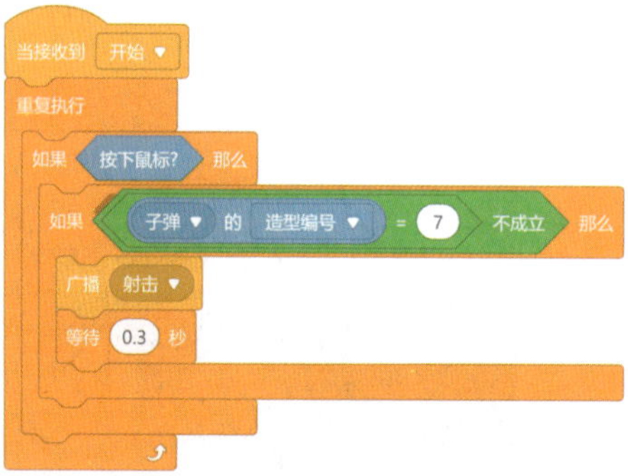

射击之后子弹会减少，此时可以通过造型的切换来呈现。

为子弹角色添加积木块，当接收到射击的消息时，就会发出枪声并切换下一个造型（子弹造型的顺序是从多到少排列的，所以切换下一个造型会减少一颗子弹）。

试一试： 手动将子弹造型切换到名称为“6”的造型，用鼠标射击试一试能不能“消耗”弹药。

为弹痕角色添加积木块，当接收到射击的消息后会移动到鼠标指针的位置，显示在最前面，显示时间为1秒，1秒后弹痕会消失。

射击产生弹痕

③ 按下空格键填充子弹。

在射击消耗子弹时，会切换到下一个造型，而填充子弹则会切换到上一个造型。当按下空格键后会填充一颗子弹（切换到上一个造型），直到子弹填满（造型编号为1）。

如何切换上一个造型？请观察下面的子弹造型，说说你的发现！

____

____

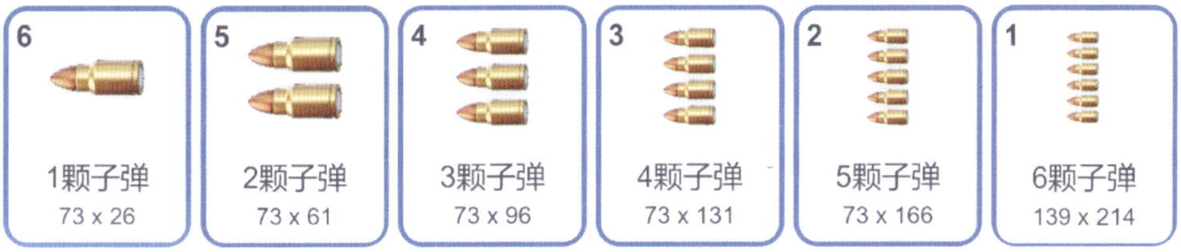

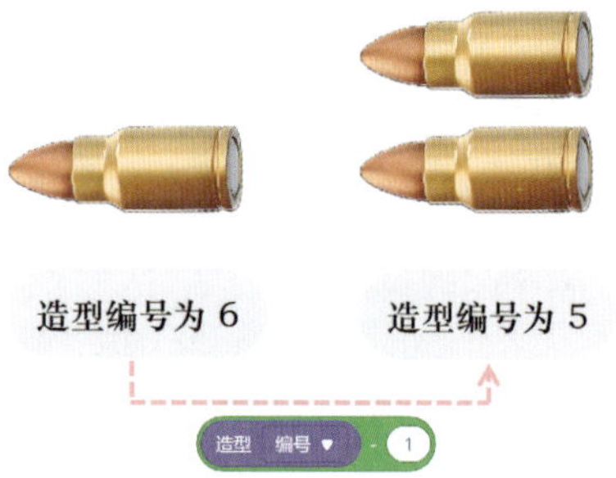

分析子弹造型变化的规律，假如“1颗子弹”的造型编号是6，“2颗子弹”的造型编号是5，若想让子弹变多（切换到上一个造型），则只需用当前造型编号-1即可，因此可以用以下积木块切换造型。

还可以再为子弹角色添加如下积木块。

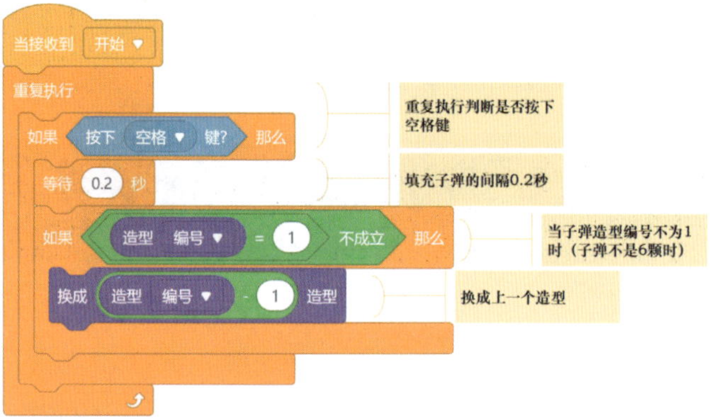

小收获

这是第二个编程任务，通过使用鼠标控制瞄准镜移动，设定在有弹药的情况下进行射击，通过切换造型实现弹药消耗与填充，实现了打靶练习。相信你学到了不少编程知识和技能，也遇到了不少问题和挑战。你还有哪些想法？可以在哪些方面进行改进或添加新元素呢？下面记录一下吧！

观看教学视频

任务三 打移动靶

我想做

将气球作为移动靶子，从地面升起很多气球，用不同颜色的气球表示“敌人”或“人质”，需要射击指定颜色的气球。

新知识

新学积木块3

所属模块	积木块	功能
运算	( ) > 50	判断前面的数字是否大于后面的数字
	< > 与 < >	判断前后两个条件是否都满足
	< > 或 < >	判断前后两个条件是否有任意一个满足

趣编程

① 随机产生的气球。

导入气球素材（共4个造型），命名为“气球”。

首先分析在哪里产生气球，这里可以预设X坐标取值范围是-200～200，Y坐标为-65，即从下图中的红色虚线处随机产生。

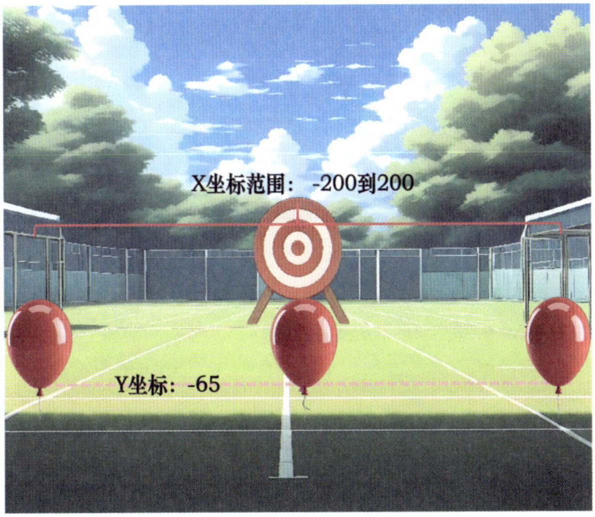

气球产生的范围

除此之外，还可以设定气球的大小、造型、出现时间等，这些都是随机的，为了实现很多气球出现的效果，需要用到克隆积木块，可以为气球角色添加如下积木块。

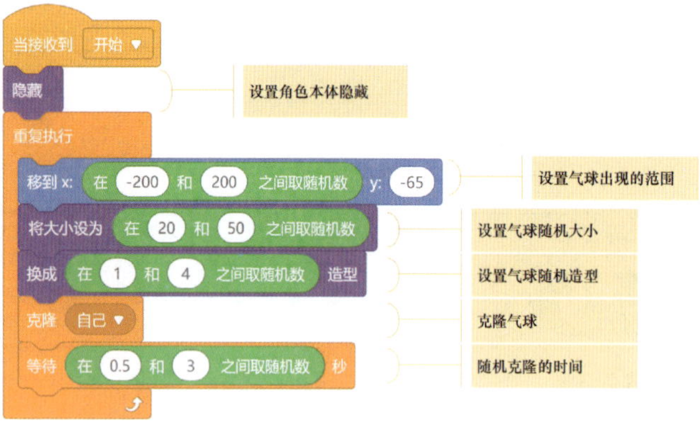

设置克隆体显示时，移到最前面。

试一试： 运行程序试一试，看看气球随机出现的效果。

②气球飞走。

使用Y坐标使气球向上移动，那么什么时候让气球消失呢？

将气球向上拖动到舞台边缘，这时的坐标大约为170，可以设置这里为气球消失的高度。当超过这个高度时，将气球删除。

气球高度设置

继续为气球克隆体添加积木块，重复让克隆的气球向上飞，直到达到（超过）指定的高度后，删除克隆体。

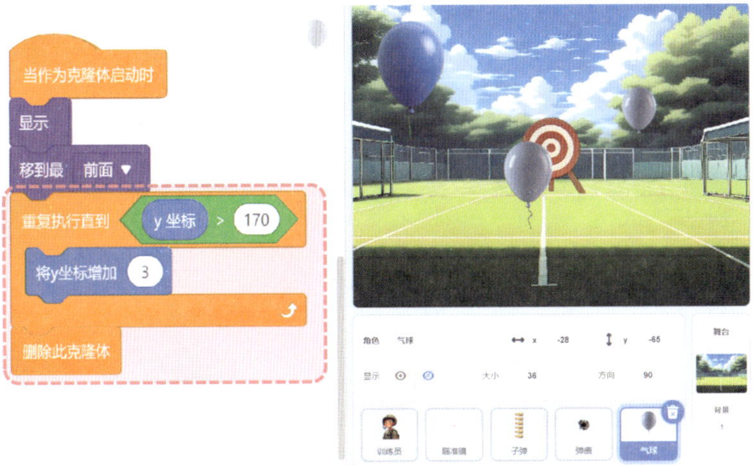

气球移动效果

③ 射击气球。

击破气球的条件有哪些？至少要满足两个条件，一是瞄准，二是射击。只有同时满足这两个条件才可以击破气球，可以用如下积木来表示。

击破气球条件分析

击破不同颜色的气球也会有不同的反馈，这里我们设定只能击破红色或蓝色气球。如果不小心击破了粉色或者浅蓝的气球，则游戏结束。那么，应该怎样设定条件？

通过“造型名称”可以判断此时的气球是否为红色或蓝色。

想一想： 你还有什么办法来判断此时气球的颜色？

____

____

____

继续为气球角色添加如下积木块，完成最终效果。

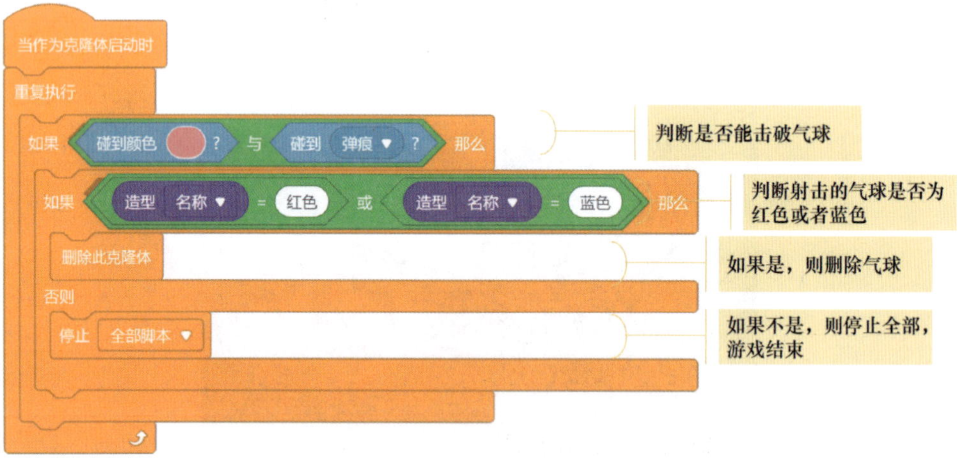

小收获

这是第三个编程任务，设置了气球随机出现并飞向天空，通过多个条件判断是否击破气球，以及判断气球是否为指定颜色。你学到了哪些编程知识和技能？遇到了哪些问题和挑战？还有哪些地方可以修改呢？下面记录一下吧！

____

____

____

观看教学视频

挑战一下

你认为这个作品已经完善了吗？请你提高游戏难度并为它添加游戏结束的效果。

观看教学视频

一是当蓝色或红色气球飞到指定高度后视为气球逃走，游戏结束。二是当击中非指定颜色的气球后，游戏结束。为训练员添加难过造型，游戏结束后训练员会再次出现，告诉你任务失败！如果训练超过1分钟，则训练员告诉你任务胜利！赶快挑战吧！

任务失败的效果

自我评价

现在是时候回顾一下本章的学习旅程了。本章介绍了运算模块中的部分积木块，还介绍了多个条件的嵌套等编程技能，通过编程可以感受到射击的乐趣和成就感，你做得怎么样呢？请根据实际情况，为星星涂色打分。

序号	评价内容	评　分
1	我能够理解并熟练使用随机数	
2	我能够理解并使用大于、等于、小于运算符	
3	我能理解“与”、“或”、“不成立”积木块	
4	我能实现多个积木块的嵌套	

拓展积木（选看）

在运算模块中还有很多积木块等待我们探索，这些积木块会在后面的章节介绍，比如，字符运算积木块，使用它可以进行字符串的连接、提取、长度计算等操作；数学运算积木块，使用它可以进行常见的加、减、乘、除等数学运算。除此之外，还有可以进行三角函数、取余数等计算的积木块。

下面是一些积木块的简要介绍。

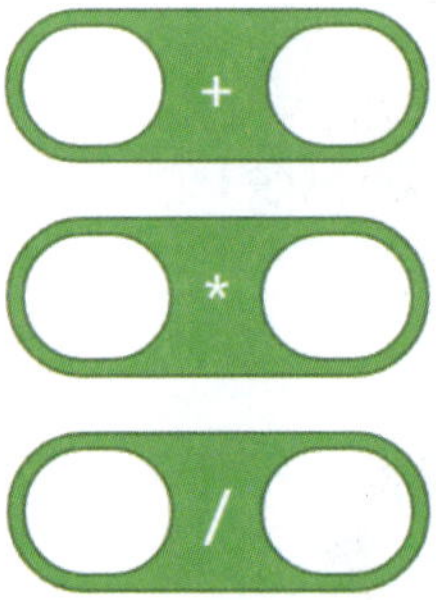	这是数学运算符号，分别为加号、乘号、除号，它们可以计算前后两个数字的加、乘、除。它们可以嵌套使用，实现复杂的运算。
	这个积木块可以判断前面的数字是否小于后面的数字。

	该积木块可获取字符中指定的字符（用鼠标点击可以获取指定的字符，例如：“苹果”的第一个字符为“苹”）。
	该积木块可计算有多少个字符（用鼠标点击可以获取字符数，例如：“苹果”共2个字符）。
	该积木块可以判断字符中有没有指定的字符。如果包含则满足条件，结果为true，否则为不满足条件，结果为false。

下面的内容你可能还没学习过，可以简单了解一下哟。

1. 求余数

如果将9个桃子分给4个小朋友，每人可以分得2个，还剩余1个。那么用积木块表示如下。

2. 四舍五入

“四舍五入”主要是将一个带有小数的数字按照一定的规则进行近似处理。具体来说，如果小数部分小于0.5，就舍去小数部分，取整数部分；如果小数部分大于等于0.5，就将整数部分加1。

例如，数字3.4使用“四舍五入”后的结果为3；而数字3.6经“四舍五入”结果为4。

3. 绝对值

在 Scratch 中，绝对值运算可以帮助人们处理有正负之分的数值，将其转化为对应的非负数值。例如，数字-5的绝对值是5，而数字7的绝对值还是7。在编程中，绝对值运算可以用于计算距离、判断大小等场景。比如，在一个游戏中，计算角色与目标之间的距离时，无论角色在目标的左边还是在目标的右边，使用绝对值运算都能得到它们之间的实际距离，而不用考虑方向。

4. 取整

向上取整就是将一个小数向比它大的最近整数取整。比如，3.1向上取整为4，3.9向上取整也为4。

向下取整则是将一个小数向比它小的最近整数取整。例如，3.9向下取整为3，3.1向下取整也为3。

5. 其他

绝对值积木块中还有很多有关数学的运算，等你积累了更多数学知识之后，再继续探索。

变量模块

学习目标

- 理解变量的概念和作用，学会创建、使用和更新变量。
- 掌握列表的概念和基本操作，包括添加元素和删除元素。
- 能够控制变量、列表在舞台上的显示与隐藏。
- 学会获取当前时间。

灵感激发

现在，同学们开始有了自己的零花钱。有时候，大家会用零花钱买喜欢的文具、小零食或者小玩具。但很多同学可能并没有意识到，如何合理地管理这些零花钱是一个很重要的问题呢。不少同学可能会发现，有时候零花钱很快就花完了，却不知道花在了哪里；也有同学可能因为没有规划好支出，而错过了自己真正想要的东西。这时候，就需要一个好帮手来帮助大家管理零花钱啦。

比如，可以用Scratch来制作一个记账小工具“精打细算”，让同学们能够清楚地记录自己的收入和支出。同学们可以学会如何新增收入和支出，并且还能看到每一笔记录的时间。这样，大家就能更好地回忆起自己的消费情况。如果发现有一些不必要的支出，也可以及时删除记录，提醒自己下次要更加谨慎。每次操作后，这个小工具还会自动计算总收入、总支出和可用余额，让同学们一目了然地知道自己还剩下多少零花钱可以使用。这样，大家就能更加合理地安排自己的消费，学会俭省节约，用好每一笔零花钱。

让我们一起使用“精打细算”记账小工具，成为理财小能手吧！

任务一　界面设计

我想做

为账本做一个简洁明了的界面，打开后所有的功能都能一目了然。主要功能包括新增收入、删除某个收入、新增支出、删除某个支出、重置账本。除此之外，账单还应该显示收入和支出明细，以及总收入、总支出和余额。

新知识

新学积木块1

所属模块	积木块	功　　能
变量	可用余额	一个变量，可以用来存储数字、字符、坐标等各种数据。此处变量名为“可用余额”，即存储数字表示余额。
	收入明细	一个列表，可以用来存储数字、字符、坐标等各种数据。此处列表名为“收入明细”，即记录收入数据。

趣编程

① 导入背景和角色素材，设定角色的初始位置。

作品背景

背景是一张已经划定好功能区的界面，主要有余额展示区、总收入展示区、总收入明细区、总支出展示区、总支出明细区及两块空白区域。

导入所有角色，除小管家外，将它们的大小都设置为20，拖动到空白区域的合适位置，并设定它们的初始位置。

功能布局

② 创建变量。

变量图解

首先了解变量。变量就像一个神奇的小盒子。这个小盒子上有个标签，可以为它起一个名字，盒子里可以装各种东西，比如数字、文字或者其他的数据。

变量可以被读取和计算，在前面的课程中，使用的一些积木块都是变量的一种，这是Scratch预设的。

点击变量模块，这里已经有一个创建好的变量“我的变量”，点击“建立一个变量”，在弹出的对话框中，输入变量名称，点击“确定”按钮即可创建变量。

创建变量

默认变量“适用于所有角色”，即这个变量是公共的，每一个角色都可以使用这个变量。比如，有一个记录游戏总得分的变量，如果设置为“适用于所有角色”，那么无论哪个角色在游戏中做出了贡献，增加了得分，其他角色都能知道这个总得分是多少。

“仅适用于当前角色”是指这个变量只能当前角色自己使用，别的角色里看不到也不能用，这就像一个人身上的口袋一样，只能这个人自己可以看到它的值和修改它。

勾选变量后，变量会显示在舞台上，点击鼠标右键，可以看到变量的几种显示模块，有正常显示、大字显示、滑杆和hide（隐藏）。拖动滑杆还可以调整数据的大小。在本任务中不需要显示变量名字，因此这里选择“大字显示”。

小贴士

为变量命名要注意取有意义的名字，就像大家给好朋友取一个好记又能代表他特点的名字一样，变量也应该有一个有意义的名字。比如，如果要记录每天跑步的距离，可以把变量命名为“跑步距离”，这样一看就知道这个变量是用来做什么的。

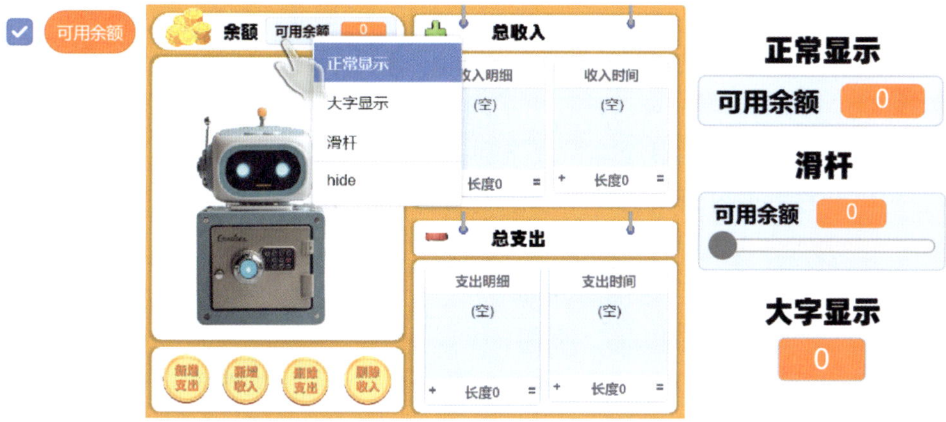

变量的显示

试一试： 再创建“总收入”“总支出”两个变量，以“大字显示”的形式放置在相应位置。

③ 创建列表。

接下来创建列表，放置在相应的展示区。

列表图解

列表可以被想象成一个非常特别的多层大盒子，这个大盒子上有一个标签，可以为它起一个名字。它有很多层，每一层会有一个序号，每一层都可用于存储数字、文字或者其他的数据。通过序号可以很方便地找到那一层里的东西，还可以随时往某一层里添加新的东西或者把某一层里的东西拿出来。

列表的优势很明显，具体如下。

• 存储多个数值。变量通常只能存储一个特定的值，但是列表可以存储很多个相关的数据。如果要用变量记录一周内每天买的水果，可能需要7个不同的变量分别记录每天的水果，这样会很麻烦。而用列表的话，就可以把这7天买的水果都放在一个列表里，每天买的水果作为列表中的一个元素，非常清晰和方便管理。

• 可对一组数据进行批量处理。比如，有一个列表记录了同学们的考试成绩，通过这个列表，可以计算出平均成绩、找出最高分和最低分等。如果用变量来做这些事情，就会非常复杂和困难。

• 列表的大小可以根据需要动态地增加或减少。比如，在玩一个收集游戏时，一开始不知道会收集多少个物品，用列表的话，可以随时往列表里添加新收集到的物品，不用担心一开始不知道要设置多少个变量。当不需要某些物品时，也可以从列表中删除它们。

• 创建列表的方式与变量相同。“适用于所有角色”与“仅适用于当前角色”的功能与变量相同。创建后舞台上会显示该列表。

小贴士

理论上，列表可以存储非常多的信息，具体数量并没有严格的限制。它主要受到计算机内存的限制。对于一般的使用场景，存储几百条甚至几千条信息通常是可以正常运行的。但如果存储的信息过多，可能会导致程序运行速度变慢或者占用过多内存，影响计算机的性能。

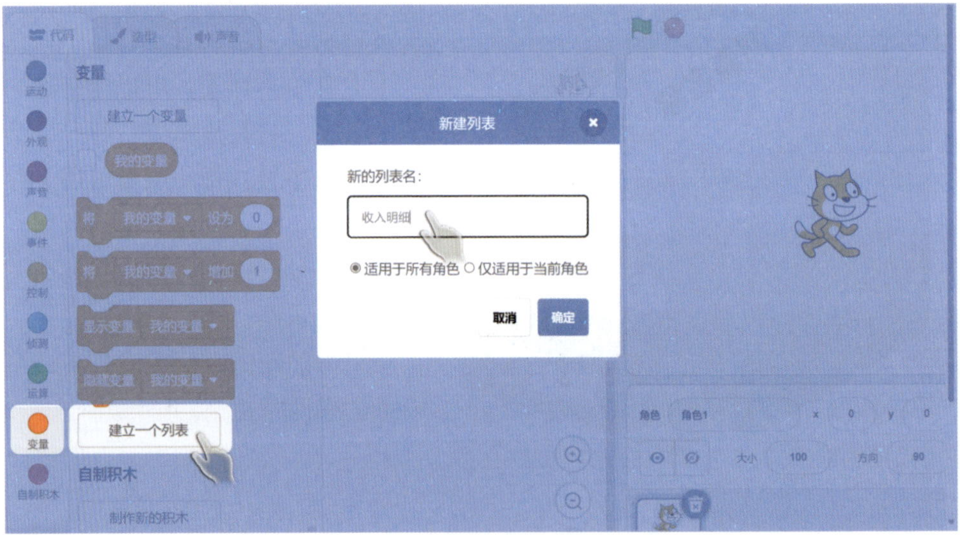

创建列表

• 新的列表内容是空的，长度（即存储的数量）为0。点击鼠标右键可以选择将外部数据导入到列表中，也可以将列表中的数据导出。点击右下角的“=”符号，还可以改变列表显示的大小。

列表的导入、导出与调整

试一试： 再创建“收入时间”“支出明细”“支出时间”3个列表。创建之后改变列表大小，完成布局。

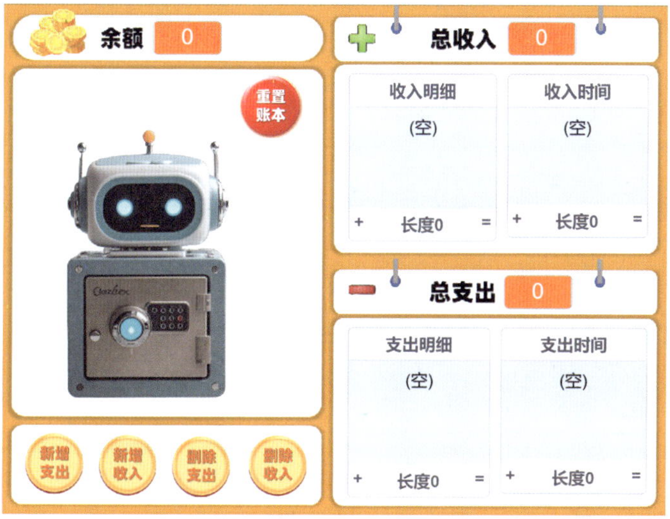

界面布局

小收获

这是第一个编程任务，让大家理解变量和列表，以及它们的作用，并通过创建变量和列表完成了界面布局。相信你学到了不少编程知识和技能，也遇到了不少问题和挑战。你还有哪些想法？可以在哪些方面进行改进或添加新元素呢？下面记录一下吧！

____

____

____

观看教学视频

任务二 收入与支出

我想做

点击“新增收入”按钮，小管家会询问收入的金额，当告诉它金额后，他会记录收入的金额和记录的时间。当记错了相关信息，想要删除的时候，只需要告诉小管家要删除的序号，它就会删除记录。同样的方法也适用于支出的记录和删除。________________

____

新知识

新学积木块2

所属模块	积木块	功能
变量	将 可用余额 ▼ 设为 0	将“可用余额”设置为一个数字或者字符串。例如填写数字5，那么 可用余额 变量的值就是5
	将 总收入 ▼ 增加 1	将“总收入”的值增加1。例如，如果变量“总收入”的值为1，那么增加1后，总收入的值为2
	将 东西 加入 收入明细 ▼	将指定的内容放入指定列表中
	删除 收入明细 ▼ 的第 1 项	删除列表中指定序号的内容
	收入明细 ▼ 的第 1 项	获取列表中指定序号的内容

趣编程

① 新增收入。

继续为“新增收入”按钮添加积木块，当角色被点击时，发出“新增收入”的广播。

当“小管家”收到广播后，要询问收入的金额。输入金额后，首先总收入会增加，接下来还要把收入存到列表的“收入明细”中。

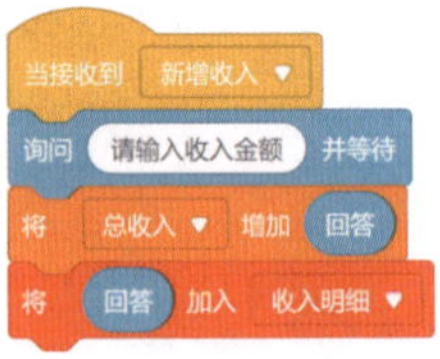

为了更加详细地了解收入，还可以将当前的时间记录下来，放到“收入时间”列表中。详细的时间格式是“年-月-日-时-分-秒”，可以用到“当前时间的年”等积木块来获取当前时间。时间不必太精确，所以获取到“日”即可。

通过两个“连接……和……”积木块可以把时间组合在一起，点击一下会看到当前的日期2024821，即2024年8月21日。这个纯数字的日期没有那么直观。

当然，也可以使用更多的“连接……和……”将其变得直观。

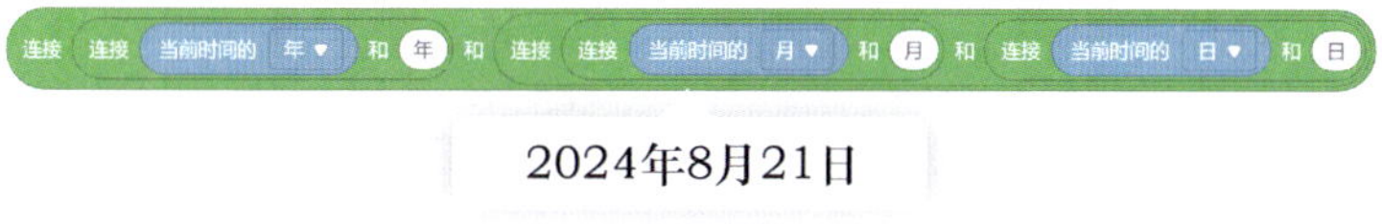

该功能完整的积木块如下。

在本段程序后，发出了一个“更新余额”的广播，本意是计算“可用余额”有多少，这段程序会在接下来的删除收入、增加支出等操作中频繁地使用，所以将其设置为通过广播进行更新。

继续为小管家添加积木块，当接收到更新余额广播后，将可用余额设置为总收入减去总支出。这样做会直接计算出两者的差值，将数值设置给“可用余额”。

最后让小管家说出可用余额。

② 删除收入。

在记录收入时难免会有记错的情况，这时候就需要通过删除功能将错误的数据清除。观察列表，可以看到每一项数据前都有一个数字，这就是这项数据的序号。

列表展示

继续为“删除收入”按钮添加积木块，当角色被点击时，广播“删除收入”。

当小管家收到广播后，要询问删除的是哪一项。输入序号后，就会从列表中删除这一项数据，同时也把这一项的时间删除。

例如，输入的序号是“2”，则会把“15”从收入明细中删除，把“2024828”从收入时间中删除。

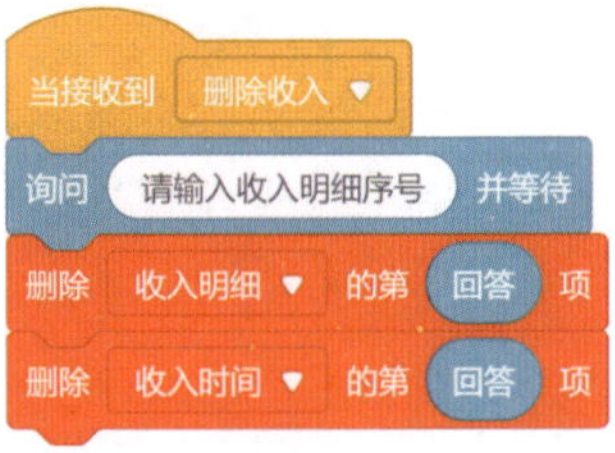

但是删除以后，总收入和可用余额也需要减少相应的数值。对于总收入，它应该用现有的数值减去删除的数值。有两种方法，第一种方法是重新赋值。

首先获取要删除的那一项的数值。

接着用现在的总收入减去要删除的数值。

最后重新将这个结果设置给总收入。

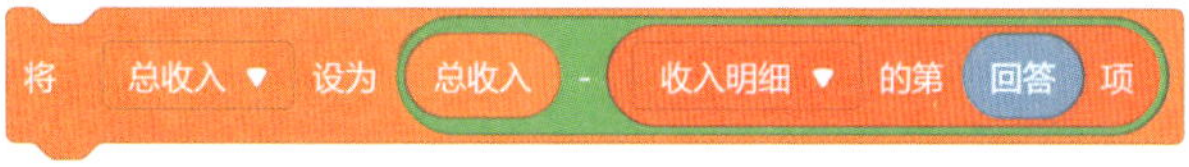

另一种方法是直接用总收入计算。
先用0减去要删除的数值，得到一个负数。

再使用总收入加上这个负数（相当于减去这个数）。

小贴士

如果变量是字符而非数字，那么变量不可以加减哟。

该功能完整的积木块如下。

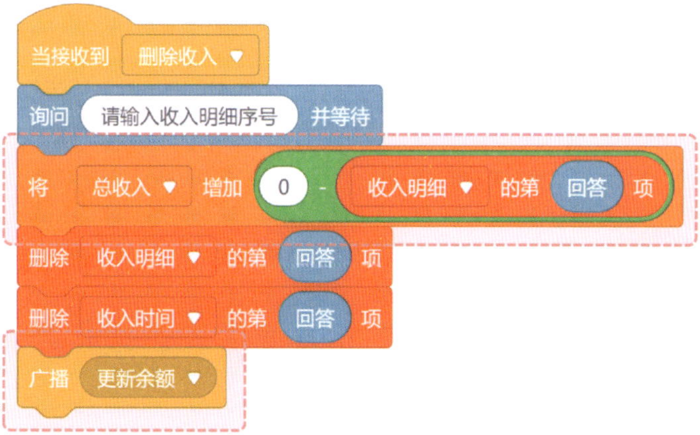

在小窗口下，可直接点击某一项数据进行修改或删除。

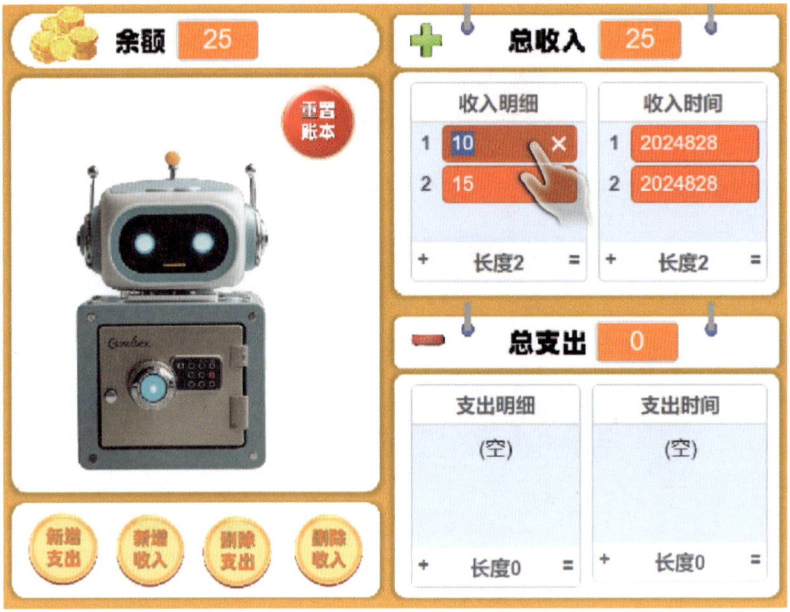

直接修改或删除数据

③ 新增支出与删除支出。

新增支出、删除支出功能与新增收入、删除收入一致。点击角色后发出相应的广播，小管家收到消息后会询问，再进行增加或删除操作。

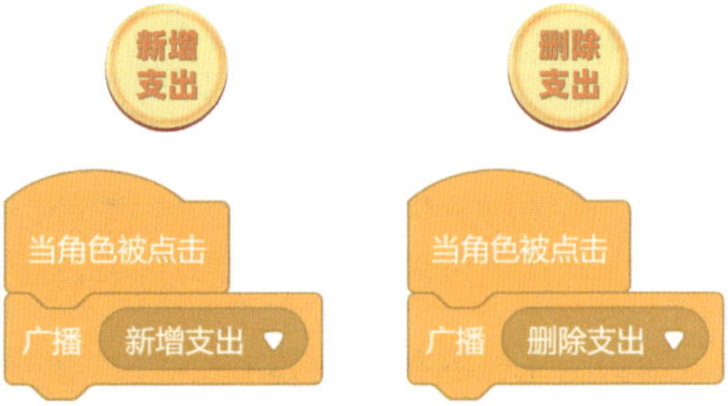

继续为小管家角色添加如下积木块。

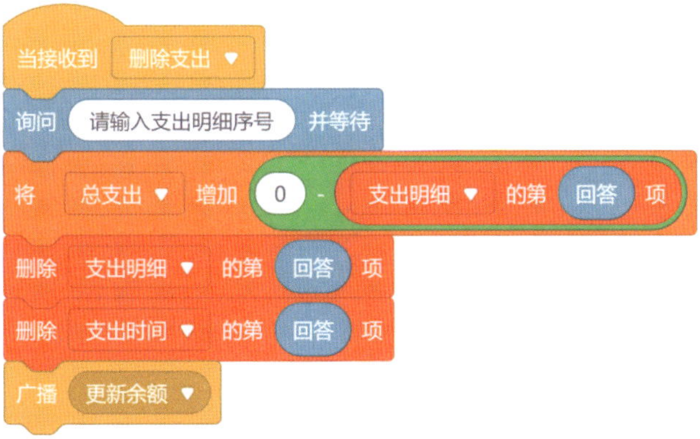

小收获

这是第二个编程任务，在该任务中对收入支出所做的管理是整个作品的核心。相信你学到了不少编程知识和技能，也遇到了不少问题和挑战。你还有哪些想法？可以在哪些方面进行改进或添加新元素呢？下面记录一下吧！

____

____

____

观看教学视频

任务三　重置账本

我想做

当需要销毁账本或者需要重新记账的时候，就需要把数据全部删除，__

____

新知识

新学积木块3

所属模块	积木块	功　能
变量	删除 收入明细 ▼ 的全部项目	能够删除指定列表的全部数据

趣编程

删除全部数据。

为重置账本角色添加积木块，点击时广播“重置”。当小管家收到消息后，首先要询问是否重置，得到确定的答复后再将总收入、总支出、可用余额3个变量设置为0，将收入明细、收入时间、支出明细、支出时间的全部项目删除。

小贴士

万一不小心单击了“重置”按钮，那么辛苦记录的所有收入和支出就一下子都没有了，那该多可惜啊！有了这个再次询问功能，就有一个确认的机会。如果真的是想要重置，则可以直接确定进行重置操作；但如果只是不小心重置了，就可以选择不重置，这样就可以保护已经记录好的信息不被误删。就好像大家在生活中做重要的决定之前，也会多想一想，确认一下是不是真的要这么做。这个重置功能的再次询问也是同样的道理，让人们可以更加谨慎地对待记账记录，确保不会因为一时疏忽而丢失重要的数据。

小收获

这是第三个编程任务，设置了账本的重置功能，并且为了保证该功能的安全可控，还设置了询问确认。你学到了哪些编程知识和技能？遇到了哪些问题和挑战？还有哪些地方可以修改呢？下面记录一下吧！

____

____

____

观看教学视频

挑战一下

你认为这个作品已经完善了吗？请你优化。

为账本设置密码，当点击小绿旗时，小管家会让用户输入密码，只有当密码正确时才能看到各类明细、收入、支出等数据。学习拓展模块中的知识，挑战这个任务吧。

观看教学视频

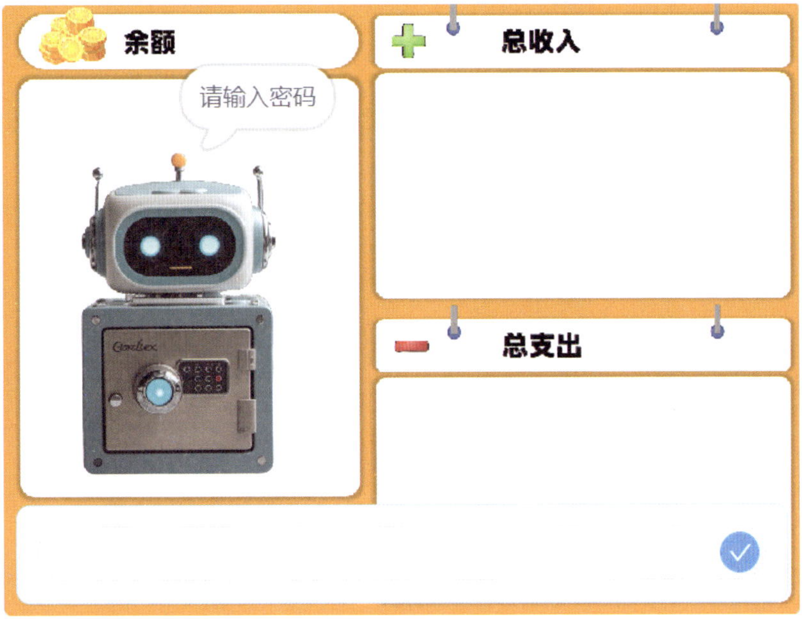

输入密码

自我评价

现在是时候回顾一下本章的学习旅程了。本章介绍了变量模块中的部分积木块，还介绍了创建变量、列表等编程技能，通过编程让大家感受到精打细算的理念。你做得怎么样呢？请根据实际情况，为星星涂色打分。

序号	评价内容	评 分
1	我能够理解变量的概念和作用，学会创建、使用和更新变量	☆☆☆☆☆
2	我能够掌握列表的基本操作，包括添加元素和删除元素	☆☆☆☆☆
3	我能获取当前时间并将其与其他数据关联使用	☆☆☆☆☆
4	我能通过广播组织代码，实现复杂的功能	☆☆☆☆☆

拓展积木（选看）

在变量模块中还有很多积木块等待大家探索，这些积木块在后面章节中还会学习到，下面是一些积木块的简要介绍。

下面这两个积木块可以控制变量在舞台上的显示或者隐藏。

列表中可能有很多重复的数据，下面这个积木块可以获取第一个指定内容的编号。

积木块效果1

下面这个积木块用于在列表中指定的某一项之前插入指定内容。

下面这个积木块用于将列表中指定的某一项数据替换为指定内容。

下面这个积木块用于判断列表中是否包含指定的内容。

下面这个积木块用于获取列表中的项目数量。

积木块效果2

下面这两个积木块可以控制列表在舞台上的显示或者隐藏。

第三章　Scratch作品设计

Scratch+游戏

学习目标

- 熟练使用坐标控制角色移动。
- 熟练使用消息的广播与接收。
- 熟练掌握控制模块中的“重复执行”与“如果……那么……”的使用。
- 了解“相对运动”原理在游戏中的应用。

小阅读

跨栏是速度与技巧的融合，运动员们的每一个跨栏动作都干净利落，充满了力量与美感。百米跨栏也是奥运会中最具挑战性和观赏性的项目之一。

在巴黎奥运会的跑道上，中国的田径健儿们如猎豹般在跑道上飞驰，轻盈地跨越一个个栏杆，展现出了中国速度与力量。他们那奋勇向前的身姿和不屈不挠的精神深深地触动了每一个人。从刘翔在奥运会赛场上创造历史的精彩瞬间，到无数中国田径健儿们在各大国际赛事中拼搏的身影，他们用汗水和努力书写着中国体育的辉煌篇章。

运动员跨栏

奇思妙想

为何不通过 Scratch 编程创造一个跑步跨栏的游戏呢？让更多的人能够在虚拟的世界中体验到跑步跨栏的刺激与乐趣，同时感受运动员们在赛场上拼搏的精神，仿佛也置身于奥运会那热烈的氛围之中。

下面将介绍如何使用Scratch来制作《跨栏高手》小游戏。在这个游戏中，玩家将化身为勇敢的运动员代表，在跑道上全力冲刺，精准地跨越每一个栏杆，向着终点线奋勇前进。通过这个游戏，不仅可以锻炼自己的反应能力和手眼协调能力，还能在游戏中领悟到坚持、勇敢的重要性。

编程思路

游戏规则设计

游戏开始：点击“立即开始”按钮进入游戏，设置挑战时间。

游戏进行：游戏开始后进行计时，运动员“跑步向前”，碰到栏杆后，按下空格键控制运动员跳跃。

游戏结束：在跳跃过程中，若碰到栏杆，则游戏失败。

游戏设计步骤

第一步：导入开始页面和开始按钮素材，设置点击开始按钮，游戏开始。

第二步：导入运动员，实现运动员“跑步向前”。

第三步：导入跨栏架素材，实现运动员跨过栏杆，并记录游戏时间。

第四步：设置运动员碰到栏杆时游戏失败。

趣编程

实现游戏的开始

新建作品，导入“开始提示”和“立即开始”按钮素材，并设定它们的初始状态。

将“立即开始”按钮置于舞台右下角，分别为它和“开始提示”添加积木块，设定在游戏开始时，最先显示它们。将“开始提示”角色名字改为“提示”。

游戏开始界面

为“开始提示”添加上述积木块

为“立即开始”添加上述积木块

为“立即开始”按钮添加动态效果。

“立即开始”按钮不够显眼，则不能吸引玩家，如何改变呢？可以为它增加一些动态效果，例如让它忽明忽暗或者忽大忽小，抑或是其他效果。下面以忽大忽小为例设计动态效果。

分析忽大忽小，可以知道，是先让角色变大，再变小，之后变大，再变小，如此循环往复。

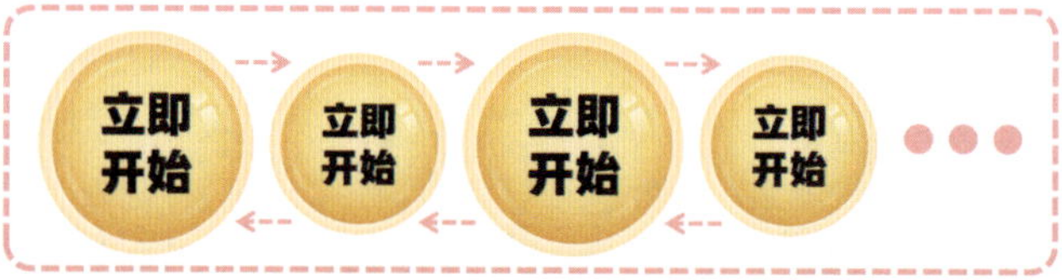

忽大忽小效果示意

逐渐变大：
重复执行10次，将角色大小增大1

逐渐变小：
重复执行10次，将角色大小缩小1

小贴士

从大到小，从小到大，都不是突然变化的，而是逐渐变大，逐渐变小。

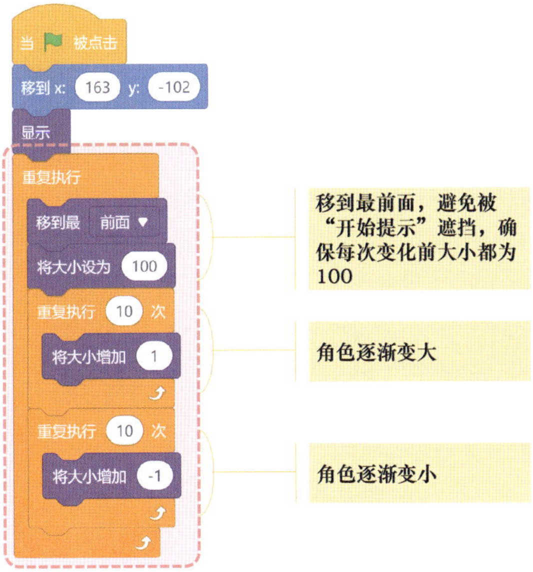

继续编程，实现点击“立即按钮开始”后游戏开始。

继续为“立即开始”按钮添加积木块，当它被点击后，发出开始广播，隐藏并停止它的其他积木块的运行。

为“提示”添加积木块，点击后隐藏，避免遮挡接下来的内容。

运动员“跑步向前”

想一想： 舞台大小是有限的，怎样实现运动员一直向前跑呢？

★ 了解相对运动

想象一下，你坐在汽车上，看到路边的树和房子都在往后跑，就会觉得自己在向前走，这叫相对运动。如果将它运用在游戏里，可以让运动员保持不动，通过让背景不断地向后移动，来营造运动员向前跑的效果。

这样做可以让编程简单一些，不用一直去管运动员怎么向前跑，只要控制好背景怎么往后动就行。除此之外，还可以通过改变背景移动的速度，让游戏变得更难或者更容易。

导入“背景”素材，注意将“背景”图片上传到角色区。

游戏背景

小贴士

在舞台区不可使用运动类的积木块，但为了让背景能够移动，可以将背景上传到角色区。

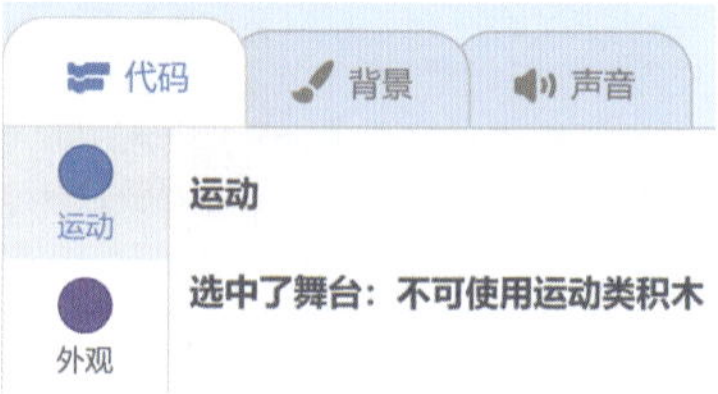

为“背景”角色添加积木块，设定初始位置，并在接收到开始广播后，重复执行向左（后）移动。

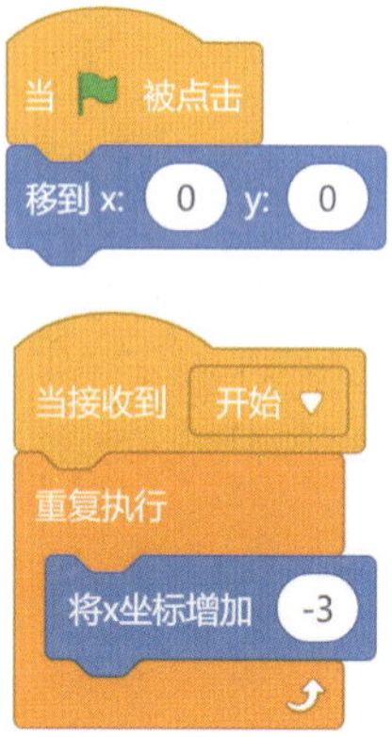

运行程序，可以观察到背景向左移动，直到 X 坐标为 -465 时停了下来，走不动了。

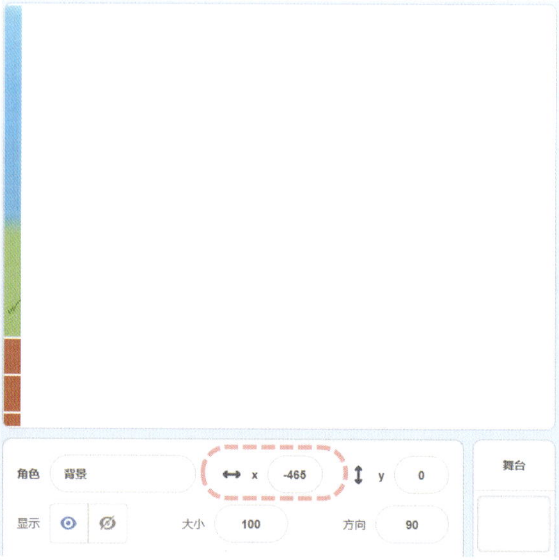

背景向左移动

将-3改为3，让背景向右移动。

再次运行程序，可以观察到背景向右移动，直到X坐标为465时停了下来，走不动了。

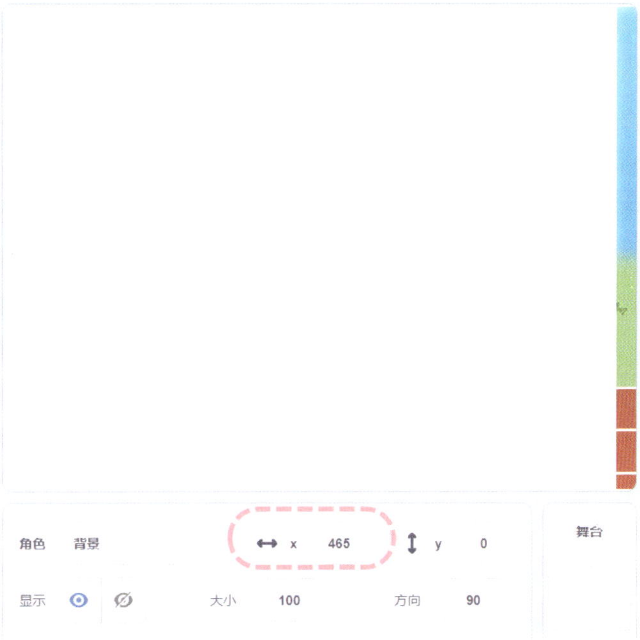

背景向右移动

通过这种方法可以获得背景放置在左边或右边的最远距离，记住这两个数字。

那么，如何实现背景无限地向后（左）滚动呢？这里需要两个相同的背景。

首先将背景1和背景2放在不同的位置（背景1的位置为X=0，Y=0，背景2的位置为X=465，Y=0）。

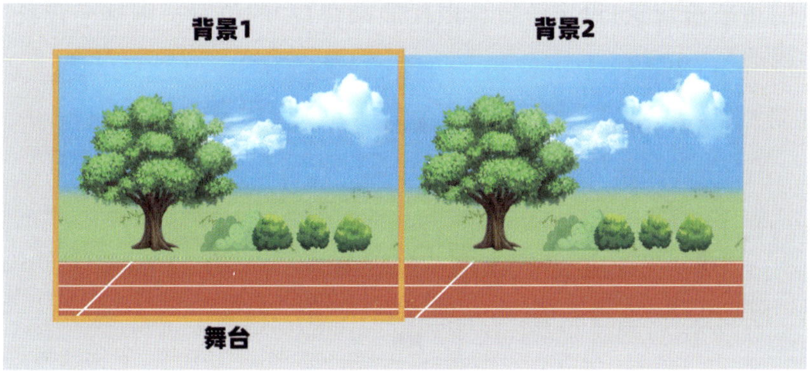

背景的初始位置

让背景1和背景2同时向左移动，移动的速度保持一致。

背景移动1

直到背景1移出舞台，不能再向左移动。这时背景2已经完全进入舞台，如果再向左移动背景就会变成空白。

背景移动2

这时重新给背景1设定位置，取代原来背景2的位置，则整个背景即可继续向左移动。

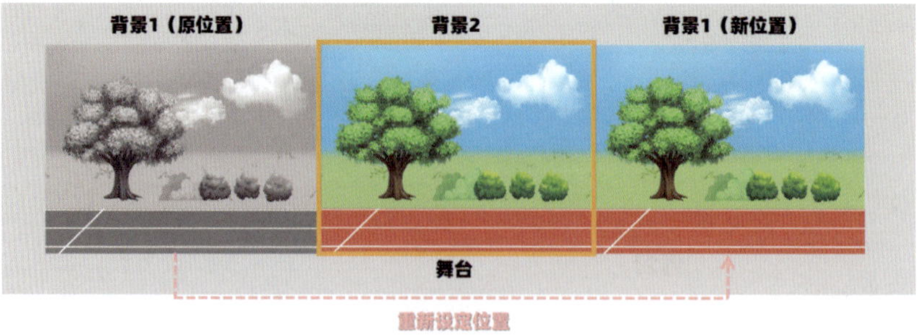

重设背景位置

重复上述步骤，就可实现“永远不停地向前移动”。

经过上述分析，可为“背景”角色添加如下积木块（编辑完背景1后可以复制角色并修改）。

背景1积木块

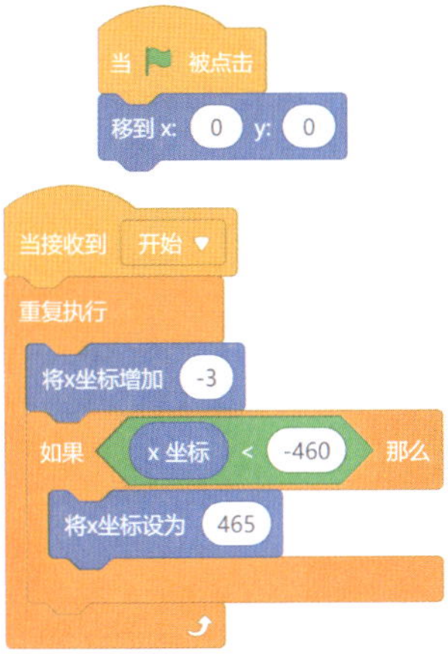

背景2积木块

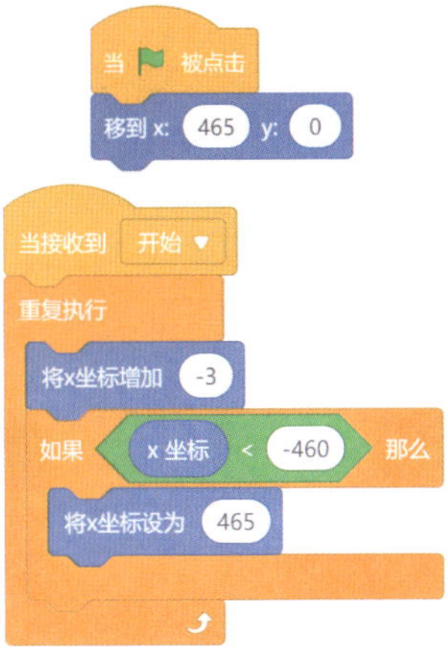

小贴士

可以看到，背景1和背景2的初始位置不同，其他都是一样的。另外，设定当X坐标小于-460时，将背景重新设定到新的位置。这里的-460是一个约数。前面测定的值是-465，这是背景能移动的最远距离，所以这里也可以把条件改为以下值。

从角色库中找到“Pico Walking”角色并添加。添加后将角色名改为“运动员”，点击查看该角色的造型，可以发现它有多个走路造型。

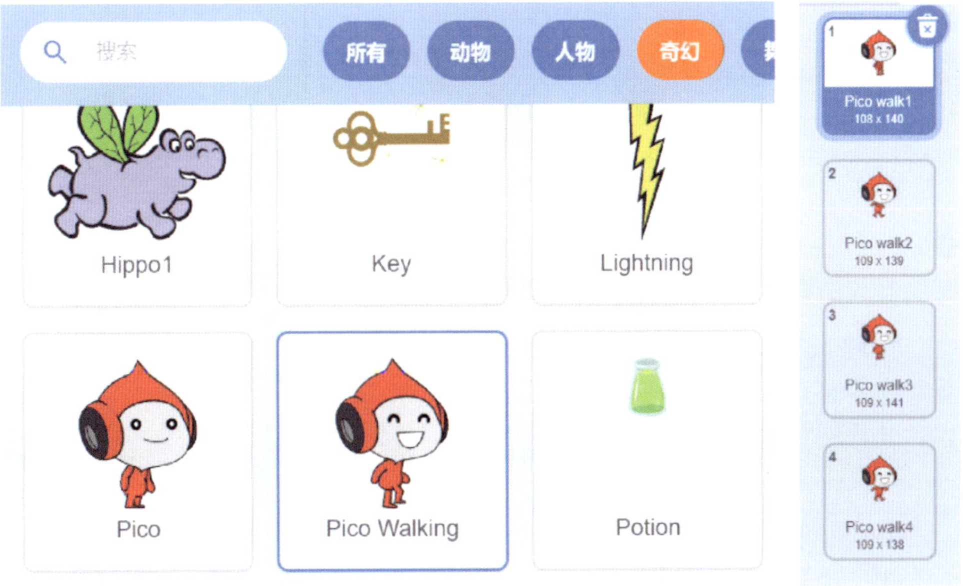

角色与造型

添加角色

为其添加积木块，设置初始位置。

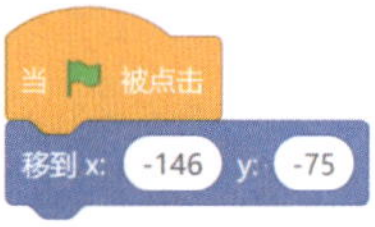

试一试： 点击小绿旗运行程序，观察运行效果。

____

____

当接收到开始广播后，运动员移到最前面，并且重复切换下一个造型，等待0.1秒，就能实现“向前跑”的效果。

运动员跨栏

导入“栏架”角色，放置在第二赛道的位置。

像确定背景位置那样，通过让栏架重复向左移动，可确定它能移动的最远位置；让栏架重复向右移动，可确定它能移动的最远位置。

它们分别为X = −257和X = 257。

为“栏架”角色添加如下积木块，点击小绿旗后设定栏杆的初始位置，当接收到开始广播后，重复执行将X坐标增加−4（向左移动），直到X坐标小于−255时，重新设定它的位置为初始位置。

栏架的位置与积木块

细心的孩子可能会发现，栏架移动的速度比背景快一些，这是因为在视觉上栏架离我们近一些，背景离我们远一些，这种速度差异可以让游戏更有层次感。在现实生活中，如果远处的景物和近处的景物以同样的速度移动，那么近处的景物给人移动得更快的感觉。在跨栏游戏中也是这样的，背景就像是远处的景物，栏架就像是近处的景物。当把栏架的移动速度设置得比背景快时，会更加符合人们的视觉感受。

运动员只有跳跃才能跨过栏架，那么怎样实现运动员跳跃呢？

现在，请你站在空地上向上跳跃，感受你的身体是怎样变化的？你会先向上移动，再向下移动。如果更细致地感受，还能察觉到向上移动的时候速度会越来越慢，向下移动的时候速度越来越快。这就是重力加速度的作用。本游戏先不考虑加速度这么复杂的情况，只完成向上移动和向下移动，实现简单的跳跃效果就可以啦。

实现角色上下移动，有很多种方式。但重要的是确定起跳高度，确保运动员能够恰好跳过栏架。

将运动员和栏架放在一起，拖动运动员，预设运动员要跳跃的高度。查看当前运动员的Y坐标，大约为25。

预设跳跃高度

小贴士

这个过程需要耐心地多次尝试，如果确定的高度无法使运动员跳过栏杆，那么可以逐步增加。

下面提供了两种实现运动员跳跃的方式，红色区域可以相互替换。前者在0.5秒内滑行到指定位置（X坐标不变，高度增加），0.5秒后回到原来的位置。后者重复执行20次，每次增加的高度值为5，随后重复执行20次，每次下降的高度值为5。

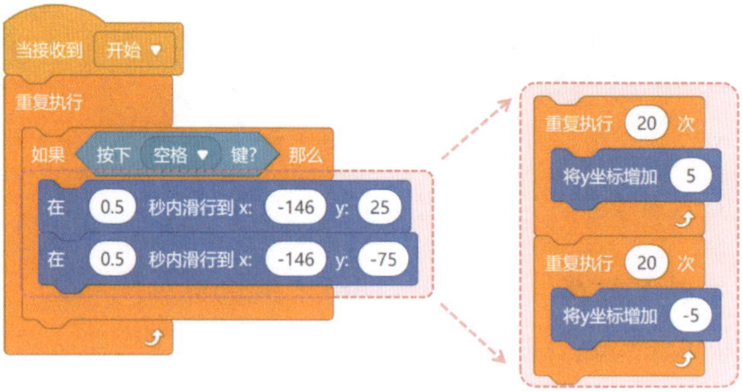

试一试： 尝试替换积木块，观察两者呈现的效果有什么区别？你还有什么方式实现运动员跳跃？

下面为运动员添加计时效果。

创建“时间”变量，点击小绿旗后先隐藏（不显示在舞台上）。当接收到开始消息后，将时间设为0，显示在舞台上，重复执行等待1秒，将时间增加1。

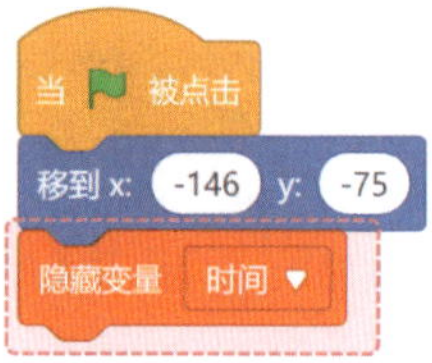

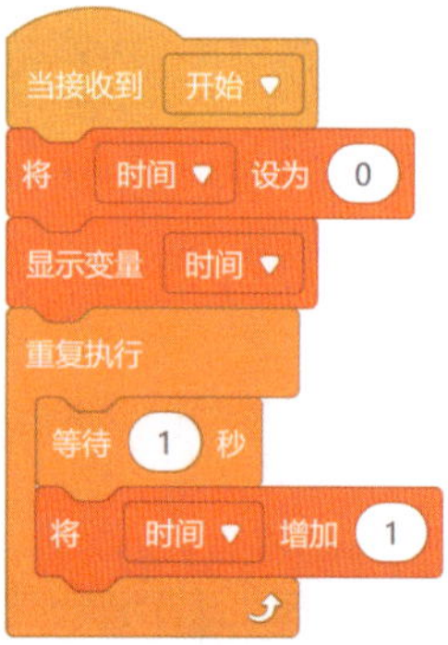

说一说： 在接收到开始消息之后，再设定运动员初始位置可以吗？会有什么效果？

设置游戏结束

游戏结束的条件是运动员碰到栏架，因此可继续为“运动员”角色添加右侧积木块。

当接收到开始消息后，重复执行判断语句，即如果碰到栏架，那么广播结束并等待。为了避免重复发送广播，这里使用的是“广播结束并等待”。

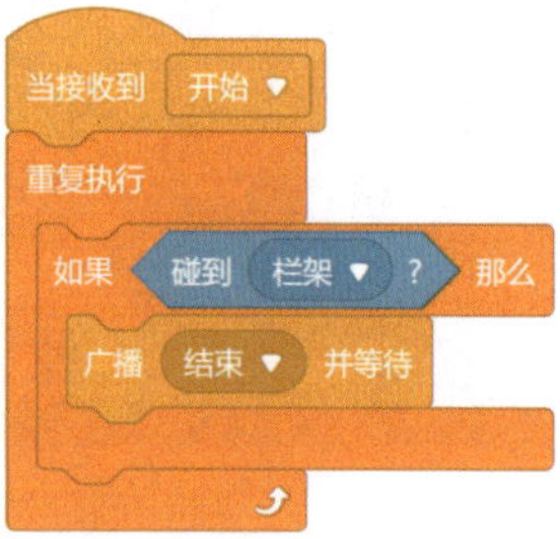

在“提示”角色中添加“结束提示”造型，为其添加积木块，当接收到结束消息后，显现“结束提示”造型，并显示在最上层，同时结束全部脚本。

跨栏失败效果

测试验证

《跨栏高手》作品已经完成了，下面请你对程序进行测试，确保游戏能够正常运行。

观看教学视频

1. 测试点击小绿旗，在最上方显示“开始提示”，点击开始游戏按钮，游戏能够正常启动。

2. 测试背景、栏架正常向后移动，无卡顿现象。

3. 测试运动员是否能够正常跳跃。

4. 测试运动员碰到栏杆后，游戏结束，并能够正常弹出“结束提示”。

5. 其他。

测试	出现的问题	可能的原因	我的解决
第一次测试			
第二次测试			

挑战一下

请继续优化《跨栏高手》作品，可以尝试如下功能。

1. 设置可变的速度。

添加一个变量，使得运动员“跑步”的速度随着时间越来越快，当速度达到-8时不再增加。

2. 设置当跑步的时间达到2分钟时，游戏胜利。

观看教学视频

跨栏成功效果

出谋划策

现在，是时候展示你的《跨栏高手》游戏作品了！邀请你的家人、朋友、同学和老师体验你的创作，并分享你的编程旅程。通过社交媒体或面对面交流，向他们介绍你的游戏玩法，讲述从构思到完成的全过程，包括你的编程思路、遇到的挑战，以及你如何巧妙解决它们。

在分享过程中，积极地与观众互动，询问他们的建议和反馈。保持开放的心态，认真听取每一条意见，无论是表扬还是建议。这些反馈将是你优化作品的宝贵资源。

记住，创作是一个不断学习和进步的过程。保持好奇心和探索精神，不断探索新的创意和功能，使你的作品更加完善。每一次分享和反馈都是你成长的机会，让你的创作之旅更加丰富多彩。

评价与收获

自我评价

回顾学习旅程并思考你的收获。这个环节将帮助你更好地理解你的创作过程，并为未来的作品积累宝贵的经验。请根据实际情况，为星星涂色打分。

序号	评价内容	评　分
1	我能够清晰地理解游戏规则并编程实现	☆☆☆☆☆
2	我能够理解“相对运动”，并通过坐标实现角色的移动	☆☆☆☆☆
3	我能够使用多种方式实现角色的跳跃	☆☆☆☆☆
4	我能够通过广播控制游戏的开始与结束	☆☆☆☆☆

你在制作游戏时遇到的最大挑战是什么？你是如何克服这些挑战的？通过这次项目，你学到了哪些新的编程技能或知识？你如何将这些新技能应用到未来的项目中？这次经历如何影响你对编程和创作的看法？你对这个作品完成的成就感如何？你觉得自己在哪些方面做得特别出色？请你写一写自己的收获吧！

____

____

____

Scratch+动画

学习目标

- 熟练使用消息的广播与接收。
- 理解并使用虚像、亮度等外观特效设计动画效果。
- 掌握图层在动画中的应用。
- 熟练使用逻辑运算判断月亮的状态。

小阅读

如果你经常在夜晚的时候抬头观察天空，会发现月亮有时候会变得很奇怪。有时候月亮会慢慢地消失一部分，或者整个月亮都看不见了，这就是神奇的月食现象。

月食是怎么发生的呢？这就像一场天空中的奇妙表演。我们都知道，地球围着太阳转，月球又围着地球转。当太阳、地球和月球排成一条直线的时候，就有可能发生月食。

月球本身是不会发光的，人们在地球上看到明亮的月亮是因为它反射了太阳光。在发生月食的时候，地球会挡住太阳照向月亮的光。如果地球只挡住了一部分太阳光，那么月球看起来就像少了一块，这叫月偏食。如果地球把太阳照向月球的光全部挡住了，月球就会完全看不见了，这就是月全食。

奇妙的月亮

月食可不是随时都能看到的，而是需要满足一定的条件，而且不同的地方看到的月食可能也会不一样呢。

奇思妙想

奇妙的月食现象总是转瞬即逝，你有没有想过用一种特别的方式把月食的过程展示出来呢？比如，利用Scratch编程来设计一个月食动画，让它能够被更多人看到。想象一下，如果能在 Scratch 中创造出太阳、地球和月球这三个角色，然后让它们按照正确的轨道运动起来，当满足月食发生的条件时，就让月亮的样子发生变化，模拟出月食的过程，这该是多么有趣的一件事情呀！

下面讲解如何使用Scratch制作《月食科普》小动画。在制作动画的过程中，可以思考和学习更多的天文知识，同时把这个神奇的天文现象展示给更多的人，让大家一起感受大自然的奇妙和美丽。（注意：本文仅展示简化后的动画效果，非科学、严谨、真实的月食现象）

编程思路

动画设计思路

动画开始：讲解人登场，引出主题——探索月食奥秘。

动画发展：简要介绍地球、月球、太阳之间的关系。

动画高潮：介绍月食的形成，展示不同状态的月食。

动画结局：保持讲解人对月食的介绍，循环展示月食。

动画设计步骤

第一步：了解月食的形成，分析如何实现动画效果。

第二步：设置讲解人出场，展示自转的地球。

第三步：设置月球出场，围绕地球转动。

第四步：设置太阳出场，发出阳光，出现地影。

第五步：根据月球进入地影的状态，设置不同的月食效果，由讲解人介绍月食。

趣编程

月食动画分析

首先，月食的形成离不开三个重要的天体——太阳、地球和月球。太阳是一个巨大的恒星，会发光、发热。地球是人们生活的星球，月球绕着地球转，是地球的卫星。在动画里，至少要有太阳、地球和月球三个角色，以及设计月球围绕地球旋转。

其次，月球本身是不会发光的，人们能看到明亮的月球是因为它反射了太阳光。但当太阳、地球和月球排成一条直线的时候，地球会挡住太阳照向月球的光，让月球处在阴影中。因此在动画里需要设计一些光照和阴影效果。

月食形成示意图

月食变化

最后，如果地球只挡住了一部分太阳光，那么月球看起来就像少了一块，这就是月偏食。如果地球把太阳照向月球的光全部挡住了，月球就会完全看不见了，这就是月全食。当月球完全离开地球的影子，人们就又能看到完整的月球了。因此要根据月球在阴影中的状态显示不同的月食情况。

讲解人介绍地球

在素材包中找到背景并添加，添加一个讲解人角色，放置在左下角，先将角色放置在舞台外，当点击小绿旗时，再让其滑入舞台，说出动画主题：“大家好，今天让我们一起探索月食的奥秘！”

接着广播“地球出现”，讲解人介绍地球。

讲解人位置变化

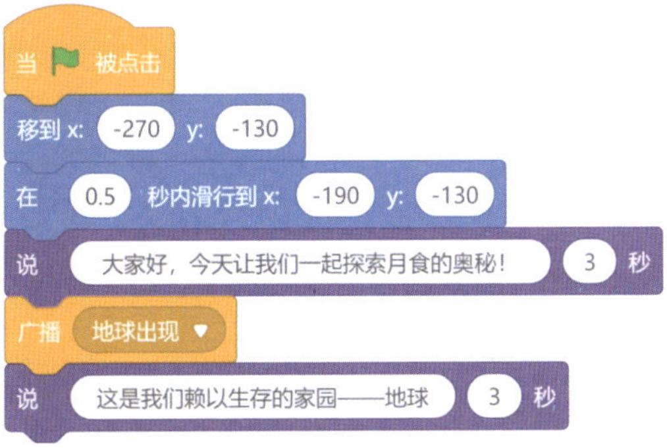

导入地球角色，需要注意的是，地球图片格式为GIF，导入后会形成很多造型。这里要设计的动画效果是让地球从大到小进入舞台，并且地球一直在自转。

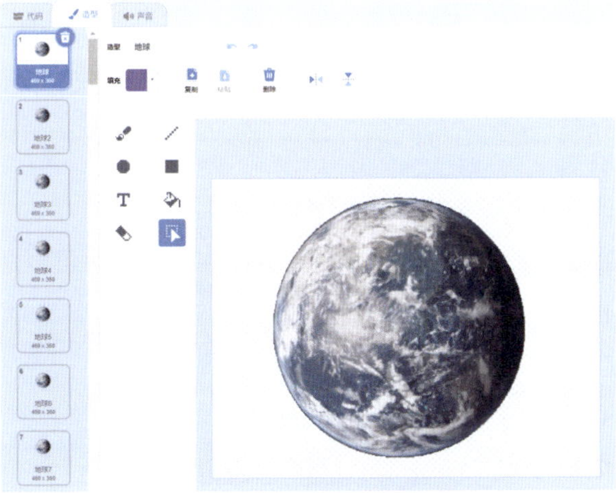

地球造型

小贴士

GIF格式的图片是由一组连续的图像组成的，这些图像按照一定的顺序和时间间隔快速播放，从而产生了动态的效果。比如，一个小鸟飞翔的GIF图片，可能是由十几张不同动作的小鸟图片组成的。这些图片依次快速出现，好像小鸟真的在飞一样。当把GIF格式的图片导入Scratch角色后，它的每一帧（每一张图片）都会变成一个造型。

为地球角色添加如下积木块。

当点击小绿旗时，设置地球的初始位置，将大小设置为150，随后地球隐藏；当接收到“地球出现”的广播后地球显示出来，重复执行25次将大小增加-2，也就有了“地球从大到小进入舞台”的效果。同时，接收到“地球出现”后重复执行下一个造型，通过造型的切换实现“地球自转”的效果。

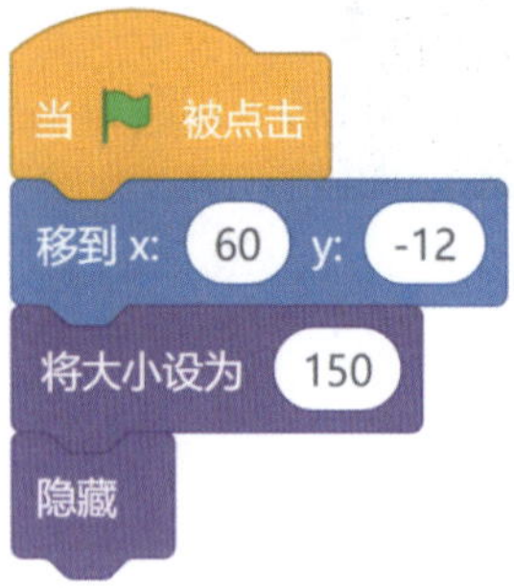

月球围绕地球转动

继续为讲解人角色添加积木块。讲解人广播“月球出现”，并说：“这是月球，它围绕地球转动！”

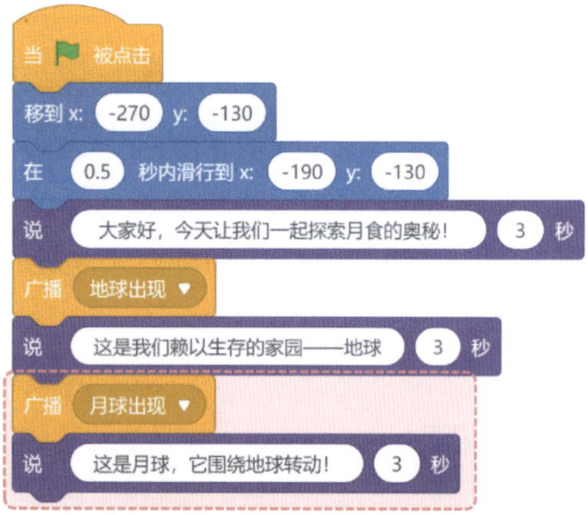

接下来需要添加月球角色，让它在接收到广播后出现并且围绕地球旋转。

想一想： 怎样实现月球围绕地球旋转？

____

____

现在地球还比较大，无法合理地展示月球的旋转，因此当接收到“月球出现”的广播后，将画面视角再拉远一些，也就是将地球再缩小一些。

为地球添加积木块，当接收到“月球出现”的广播后，重复执行25次，将大小增加-2。

除此之外，让月球围绕地球旋转，还需要改变月球的定位点。打开月球的造型，点击它，可以看到画布中间有一个“+”一样的小标志。在设计角色的时候，这个定位点非常关键，它决定了角色在舞台上的中心位置和旋转中心。当把角色放在舞台上的某个位置，例如x=0,y=0时，那么无论角色大小如何变化，都以这个定位点为基准。让一个角色做旋转动作的时候，也是围绕着这个定位点来转的。如果把角色放在定位点的右边，那么当角色旋转时，就会感觉像是围绕着左边的点在转。

月球造型

试一试：先为月球添加如下积木块，点击这个积木块观察月球的运动。

打开造型，拖动月球远离定位点，再点击上述积木块，观察月球的运动。

我发现：________________________

____

现在月球要围绕地球转动。事实上，就是月球围绕地球的坐标点转动。假设红色的点为地球的坐标点，现在只需要让月球的坐标点（定位点）和地球的坐标点保持一致，并调整造型，使月球与定位点之间留出距离即可。

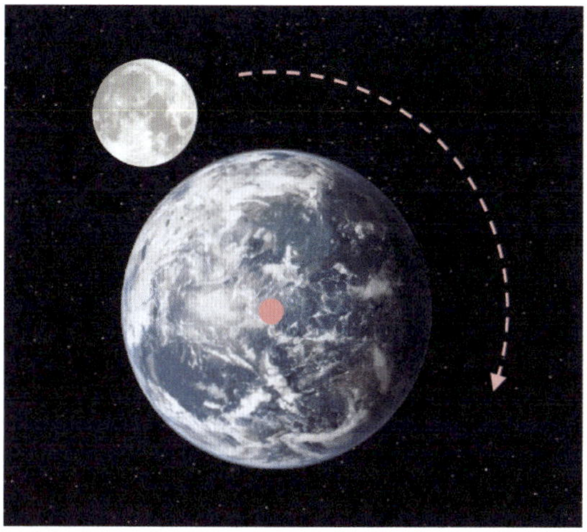

月球绕地球旋转

为月球添加如下积木块，这样可以将月球移动到与地球一样的位置。

打开造型，调整月球的位置，使其不在定位点上，观察舞台上月球的位置，直到它和地球之间出现间隔。

月球远离定位点

月球与地球

继续为“月球”角色添加积木块。

在坐标下继续拼接，将大小设置为100，将虚像特效设定为100，此时月球处于“隐藏状态”。

当接收到“月球出现”的消息时，重复执行50次，将虚像特效增加-2，此时月球会渐渐显示。

同时，当接收到“月球出现”的消息时，重复执行右转1度，此时月球围绕地球旋转。

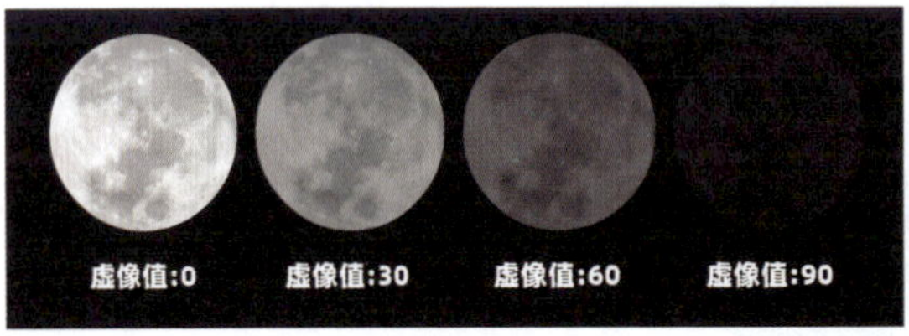

虚像变化

小贴士

虚像特效在颜色特效积木块中。当把一个角色的虚像特效调大的时候，这个角色就会变得越来越透明，就好像慢慢消失了一样。相反，如果把虚像特效调小，角色就会变得越来越清晰，默认值是0。因此，可以用虚像特效来表现一个角色渐渐隐身或者慢慢出现的效果。

太阳出场放光芒

继续为讲解人角色添加积木块，引出太阳。

添加太阳角色，将太阳放置在左上角，为太阳角色添加积木块。

当点击小绿旗时，设置太阳的初始位置在左上角，将大小设置为150，隐藏起来；当接收到“太阳出现”的广播后，太阳显示出来，再重复20次，将大小增加-4。实现让太阳从大到小进入舞台的效果。在视觉上，会感觉到视野拉远了，变得更开阔。

同样的，这种拉远的效果也应该用于地球和月球，让画面效果保持统一。

为地球添加积木块。当接收到“太阳出现”的广播后，重复执行20次将大小减少1，同时向右下角稍微移动一些，与太阳拉开距离。

为月球添加积木块。当接收到“太阳出现”的广播后，重复执行20次将大小减少1，同时，为了和地球位置保持一致，需要跟随地球移动到新位置。

现在3个主要的天体都已经呈现出来了，那么接下来就要让太阳发出光芒，地球产生阴影。

动画效果图

添加太阳光角色。太阳光角色是一个较大的角色，能够铺满整个舞台，所以将它的位置设置在舞台中心。同样的，可以通过虚像使得太阳光渐渐出现。需要注意的是，当接收到“太阳出现”的广播后，给太阳角色设置了一些小动效，因此等太阳结束它的动作后再开始太阳光的动画，这里使用了等待0.5秒。

> **小贴士**
>
> 太阳光的虚线和中间的高亮部分是为了凸显地球挡住的太阳光。

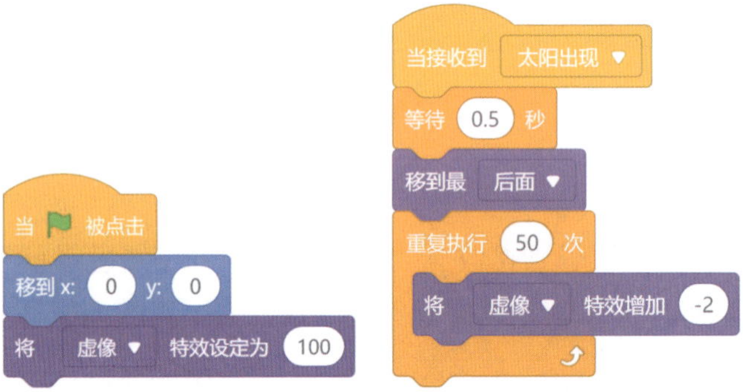

添加地影角色，设置大小为55。将它拖动到地球后方，设置其初始位置后，为它添加与太阳光一样的动画效果——随着阳光的出现地影也渐渐出现。需要注意的是要把地影放置在最上层。

> **小贴士**
>
> 地球挡住了太阳光，后面就会出现一个黑暗的区域，这就是地影。地影可以分为两个部分，一个是本影，一个是半影。本影是地影中最暗的部分，如果月球进入本影，就会发生月全食；如果月球只是进入半影，就会发生半影月食，这时候月球只是会稍微暗一点，但不会完全消失。在本作品中，暂时不考虑本影和半影的区别，只把它们都作为一个阴影。

想一想： 运行程序，观察动画效果，思考为什么要把地影移动到最上层？

介绍地影和月食

继续为讲解人添加积木块，接下来先介绍地影。

当介绍地影时，让它闪烁几次，表示重点介绍。为地影角色添加如下积木块。通过重复执行和快速地将亮度增加、减少，使得它产生闪烁的效果。

小贴士

亮度特效在颜色特效积木块中，通过调整数值来控制角色的明亮程度，可以让角色看起来更亮或者更暗。如果把亮度调得很高，角色就会变得非常亮，就像被一个很强烈的灯光照着一样。如果把亮度调得很低，角色就会变得很暗，甚至有点像在黑暗的角落里。在做一些有特殊效果的作品时，亮度特效也能发挥很大的作用。比如，当一个角色被闪电击中时，可以瞬间把它的亮度调得很高，就像被强光闪了一下。

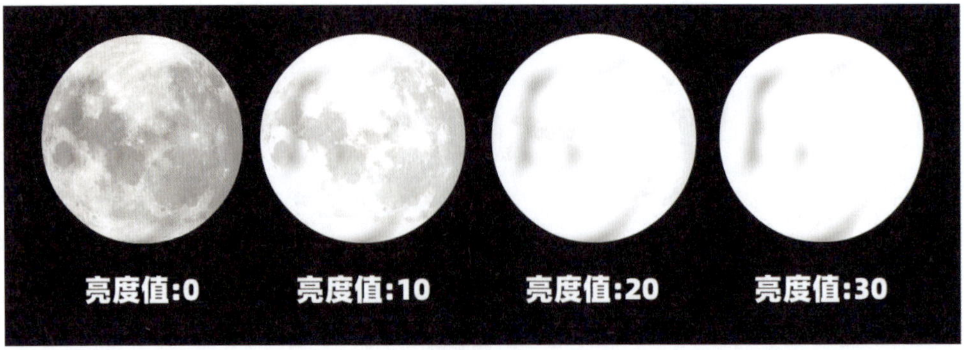

亮度变化

继续为讲解人添加积木块。最后压轴出场的是对月食的介绍，这时可以使用“说”积木块，让讲解人持续说出这段话。

月球围绕地球转动会有3种不同的状态。

第一种：完全暴露在太阳光下，这是正常状态。

第二种：一半在阳光下，一半在地影中，这是月偏食。

第三种：完全在地影中，这是月全食。

月球位置的变化

根据这3种状态，可以设置3个条件

第一个：只能碰到阳光，但碰不到地影。

第二个：既能碰到阳光，又能碰到地影。

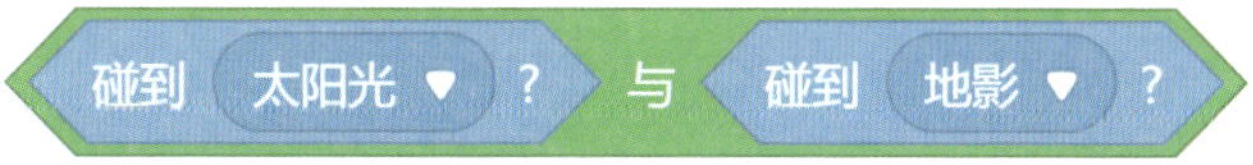

第三个：只能碰到地影，但碰不到阳光。

因此，可为月球角色添加积木块。当接收到“解释月食”的广播时，重复执行判断月球状态，并把状态说出来。

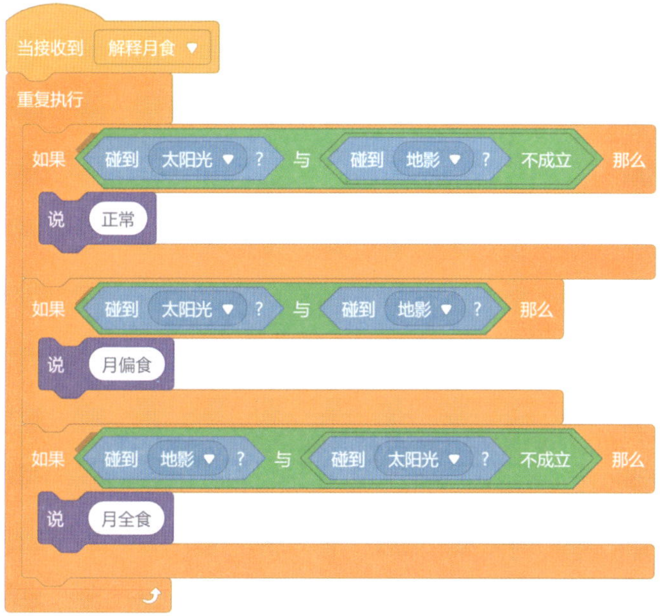

讲解人程序与动画效果

测试验证

《月食科普》作品已经完成了，下面请你对程序进行测试，确保游戏能够正常运行。

1. 测试点击小绿旗，动画是否能够开始，按照预设顺序展开。
2. 测试各个角色的位置、大小是否符合要求。
3. 测试各个角色的动画效果是否符合预期。
4. 其他。

观看教学视频

测试	出现的问题	可能的原因	我的解决
第一次测试			
第二次测试			

挑战一下

请你继续优化《月食科普》作品，可以尝试增加如下功能。

1.增加不同的讲解人，组成讲解团队。

在素材中找到其他的讲解人，上传到讲解人1角色的造型中。在设计动画时，可以让他们交替出现，也可以逐个出现。为他们分配任务，让不同的讲解人来讲解动画的不同部分。

不同的讲解人

2. 增加讲解人的声音。

在素材包中找到相关的音频资源，导入讲解人角色，为他们增加配音，也可以通过文字转声音的网站自己生成声音（例如：http://www.ttsonline.cn/）。

观看教学视频

调整程序，使讲解人能够在显示文字的同时发出声音。

出谋划策

现在，是时候展示你的《月食科普》动画作品了！邀请你的家人、朋友、同学和老师体验你的创作，并分享你的编程旅程。通过社交媒体或面对面交流，向他们介绍月食，讲述从构思到完成的全过程，包括你的编程思路、遇到的挑战及你如何巧妙地解决它们。

在分享过程中，积极地与观众互动，询问他们的建议和反馈。保持开放的心态，认真听取每一条意见，无论是表扬还是建议。这些反馈将是你优化作品的宝贵资源。

记住，创作是一个不断学习和进步的过程。保持好奇心和探索精神，不断探索新的创意和功能，使你的作品更加完善。每一次分享和反馈都是你成长的机会，让你的创作之旅更加丰富多彩。

评价与收获

自我评价

回顾学习旅程并思考你的收获。这个环节将帮助你更好地理解你的创作过程，并为未来的作品积累宝贵的经验。请根据实际情况，为星星涂色打分。

序号	评价内容	评　　分
1	我能够清晰地理解月食的形成	
2	我能够理解定位点，并调整角色在画布上的位置	
3	我能够理解虚像和亮度，将它们应用到动画中	
4	我能够理解图层	
5	我的作品实现了所有预期的动画效果	

小收获

你在制作动画时遇到的最大挑战是什么？你是如何克服这些挑战的？通过这次项目，你学到了哪些新的编程技能或知识？你如何将这些新技能应用到未来的项目中？这次经历如何影响你对编程和创作的看法？你对这个作品完成的成就感如何？你觉得自己在哪些方面做得特别出色？请你写一写自己的收获吧！

Scratch+音乐

学习目标

- 了解简单的乐理知识。
- 了解拓展模块（音乐模块）的添加。
- 掌握演奏音符积木块的使用。
- 了解自制积木块的创建与使用。

小阅读

你经常听音乐吗？音乐可以舒缓人的情绪。当你感到疲惫或者不开心的时候，听一听轻柔的音乐，就好像有一双温柔的手在轻轻地抚摸着你。音乐也可以给人力量。当你遇到困难想要放弃的时候，一首激昂的音乐能让你重新振作起来。在音乐世界中，很多乐器的声音都非常美妙。比如，小提琴的声音悠扬动听，就像在诉说着一个动人的故事；笛子的声音清脆悦耳，仿佛能把人带到一个美丽的大自然中。

说到乐器，就不得不提钢琴。钢琴在众多乐器中有着独特的地位。它的声音更是有着独特的特点。钢琴的音色丰富多样，既可以像潺潺的流水一样轻柔，又可以像雷鸣般震撼。它能弹出欢快活泼的曲调，让人忍不住跟着节奏舞动；也能弹奏出忧伤深沉的旋律，让人沉浸其中，感受着其中的情感。钢琴就像是一个音乐的宝库，有着无穷无尽的魅力。

美妙的钢琴

奇思妙想

钢琴的声音悠扬婉转而又激昂澎湃，让人仿佛在音乐的海洋中尽情嬉戏。然而，钢琴的声音虽然美妙，却不是随时随地都能弹奏的。也许在学校的时候没办法马上坐到真正的钢琴前弹奏出美妙的音乐，也许在外出游玩的时候也不能随身携带一架钢琴。

能不能利用 Scratch 编程来创造一个电子钢琴呢？这样，无论在哪里，只要有一台计算机（平板电脑），就可以尽情地弹奏属于自己的音乐。想象一下，通过自己的努力，用编程创造出一个可以发出各种美妙声音的电子钢琴，那该是多么令人兴奋和自豪的事情呀！让我们一起动手，用Scratch来制造一架单手钢琴的编程作品吧。

编程思路

工具设计需求

设计单手钢琴小工具，旨在让用户通过按下键盘上的特定按键来发出不同音符的声音，就像在弹奏真正的钢琴一样，体验弹奏钢琴的乐趣。它可以具备以下功能。

1. 能够准确地响应键盘按键的输入，对应发出不同钢琴音符的声音。
2. 有直观的视觉反馈，让用户清楚地知道自己按下了哪个键及对应的音符。
3. 可以调整音量大小，满足不同环境下的使用需求。
4. 自动播放指定的钢琴曲。

工具设计步骤

第一步：导入角色与造型，设计钢琴外观。

第二步：设置按下指定按键，播放指定音符的声音。

第三步：添加乐谱，设置乐谱切换方式。

第四步：自制积木块，优化程序。

趣编程

钢琴外观的设计

首先导入钢琴背景，接着导入琴键角色，“琴键”代表没有按键被按下，“Do、Re、Mi、Fa、Sol、La、Si”代表相应琴键被按下。

将琴键大小改为55，并调整其位置，放置在钢琴上。

钢琴外观设计

想一想： 为什么要把琴键和钢琴分开呢？

____

____

____

弹奏钢琴

想要点击琴键发出声音，还需要一个新的模块——音乐模块。它就像是一个神奇的音乐魔法盒，能让人们在编程的世界里创作出各种美妙的音乐。点击积木块最下方的蓝色按钮，这里可以打开拓展功能，找到“音乐”选项，点击即可将其添加到积木块区。

添加音乐模块

认识音乐模块中的积木块。

所属模块	积木块	功　能
音乐	击打 (1) 小军鼓 ▼ 0.25 拍	支持弹奏18种击打类乐器音效，在其下拉列表可选择低音鼓、敲鼓边、手掌、音棒等不同的乐器类型，右侧的“拍”指的是节拍，是衡量节奏的单位
	休止 0.25 拍	使音乐停顿指定的拍数
	演奏音符 60 0.25 拍	弹奏指定音符并持续指定拍数。例如60表示音符，0.25表示节拍
	将乐器设为 (1) 钢琴 ▼	指定要演奏的乐器，默认为钢琴，点击可选择吉他、风琴等21种乐器
	将演奏速度设定为 60	设定演奏的速度为60（若不设定速度，默认为60）
	将演奏速度增加 20	将演奏速度增加指定的数值
	演奏速度	勾选此积木块可在舞台查看演奏速度

为琴键角色添加积木块。

点击小绿旗，固定琴键的初始位置，将造型设定为“0造型”，即没有按下琴键的造型。将大小设为55，将演奏乐器设为钢琴。

```
当 🏴 被点击
移到 x: 6 y: -37
换成 琴键 ▼ 造型
将大小设为 55
演奏乐器设为 (1) 钢琴 ▼
```

小贴士

节拍的长短代表着音符持续的时间。较长的节拍意味着音符持续的时间较长，听起来会更加舒缓、悠扬。较短的节拍则代表音符持续的时间较短，听起来会更加活泼、轻快。

接下来需要设置按下键盘上的某个按键时，发出特定的钢琴音符，因此，大家要先了解音阶的知识。

简谱	1	2	3	4	5	6	7
唱名	Do	Re	Mi	Fa	Sol	La	Si
音名	C	D	E	F	G	A	B

人们一般都能很清楚地唱出Do、Re、Mi、Fa、Sol、La、Si。这里可以设定当按下键盘上的1键时播放Do，按下2键时播放Re，以此类推，按下7键时播放Si。

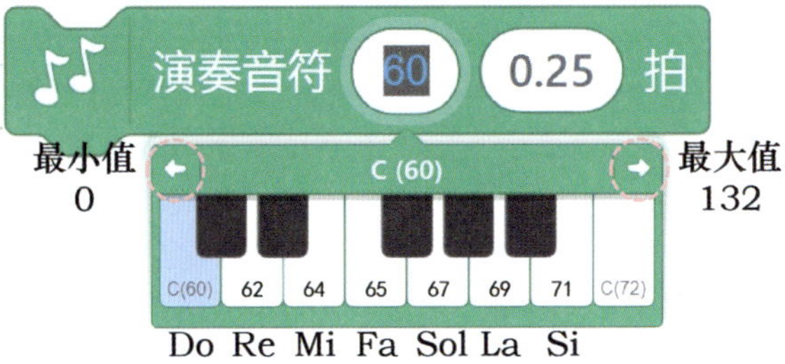

接下来找到“演奏音符60 0.25拍”积木块，点击“60”时会弹出一个小窗口，它像一架小钢琴一样，点击它的按键会发出相应的声音，同时数字也会有变化。

为琴键角色添加积木块。

当按下键盘上的1键时，换成“Do”造型，这样可以看到相应的琴键被按下，接着演奏相应的音符，最后再换成琴键造型。

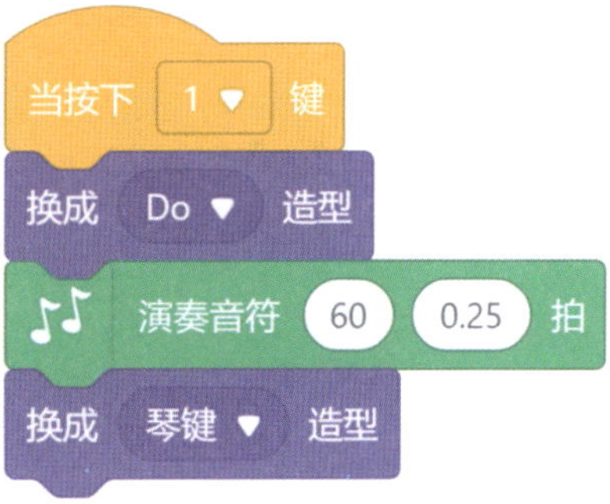

试一试： 按1键，观察程序运行效果是怎样的？

以此类推，可以设计按下其他按键的效果和声音。

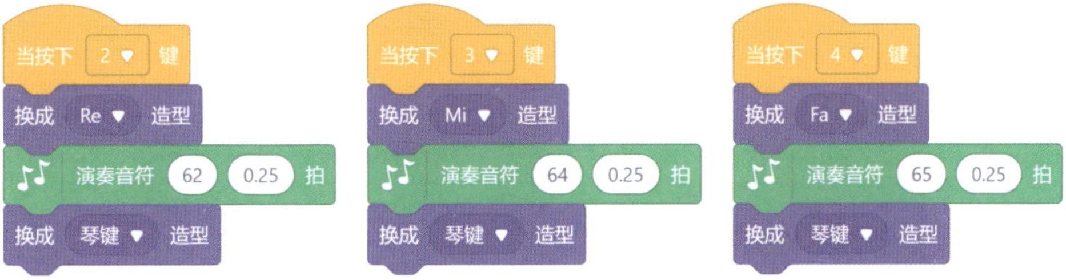

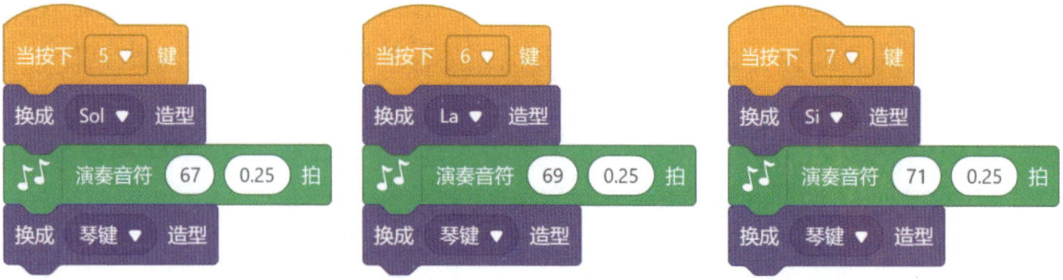

添加数字简谱

有了钢琴，没有乐谱可能使得单手钢琴对用户不太友好。

素材包中有《小星星》《两只老虎》两张数字简谱卡片和一张空白简谱卡片。将它们的造型作为一个角色上传到作品中，将角色大小设置为65，并命名角色为“乐谱”，然后将角色拖到钢琴上。

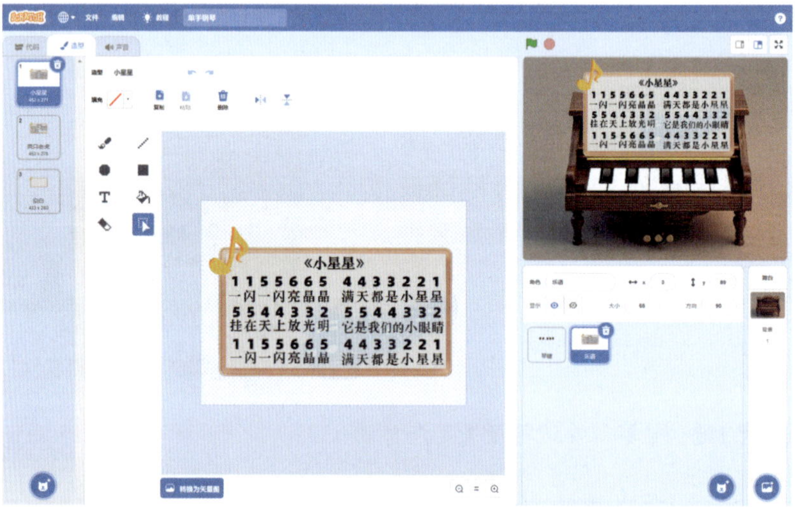

简谱卡片位置

接下来要实现的是，点击小绿旗，在钢琴上方位置呈现简谱卡片。如果点击卡片，会向上滑动，滑出舞台，并且换下一个造型滑入舞台，实现一种切换卡片的效果。

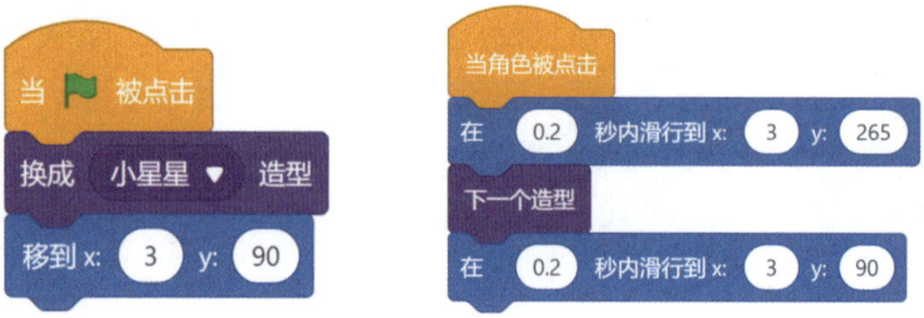

自动播放钢琴曲

接下来要实现的是点击播放按钮，就能播放当前简谱卡片的钢琴曲。例如，当前简谱卡片是《小星星》，那么点击播放按钮就能自动播放《小星星》钢琴曲。

添加一个唱片作为按钮，放置在舞台右上角。

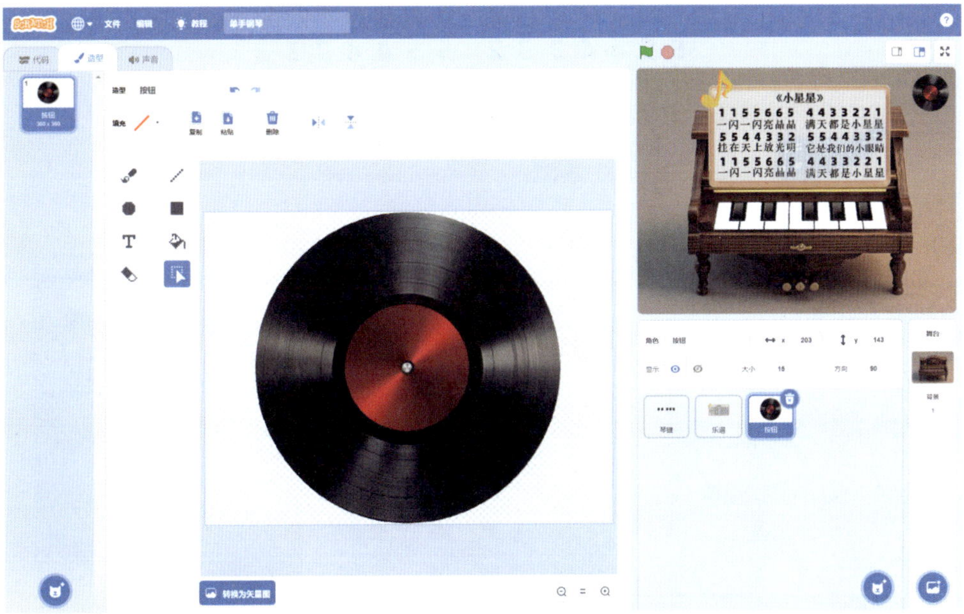

唱片按钮

为“按钮”添加积木块，设定大小为15，并设置其初始位置。当点击它时，需要判断当前乐谱的造型，播放相应的钢琴曲（红框里预留的是“要播放的钢琴曲”的位置）。

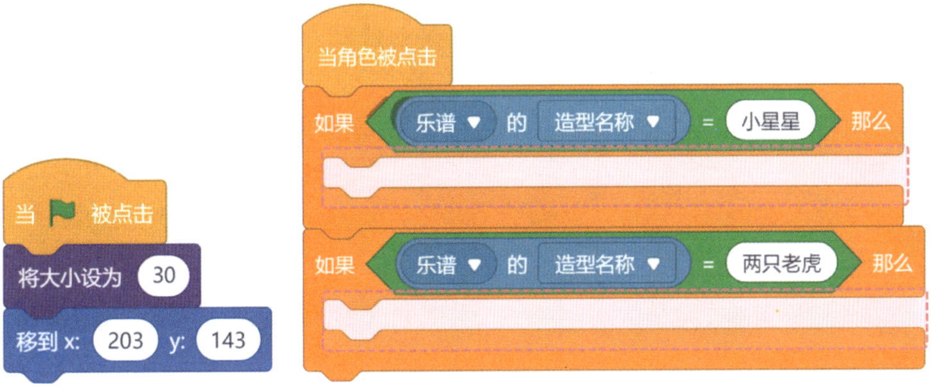

接下来以《小星星》为例进行编曲。按照简谱卡片对应的音符，将《小星星》要演奏的音符进行逐个排列。

简谱卡片

一闪一闪亮晶晶

满天都是小星星

挂在天上放光明

它是我们的小眼睛

一闪一闪亮晶晶

满天都是小星星

为了实现更好的音乐效果，可以在音乐开始前设定演奏速度，在每段结尾添加休止0.25拍，作为间隔。

开始之前

每段结尾

想一想： 想要把如此多的积木块插入到播放音乐的位置是非常不容易的，况且这只是一首钢琴曲子的积木块，如果再多几首呢？有没有更简洁的实现方式呢？

____

____

自制积木优化程序

解决当前问题的方式不止一种，下面看一看如何使用自制积木优化程序。

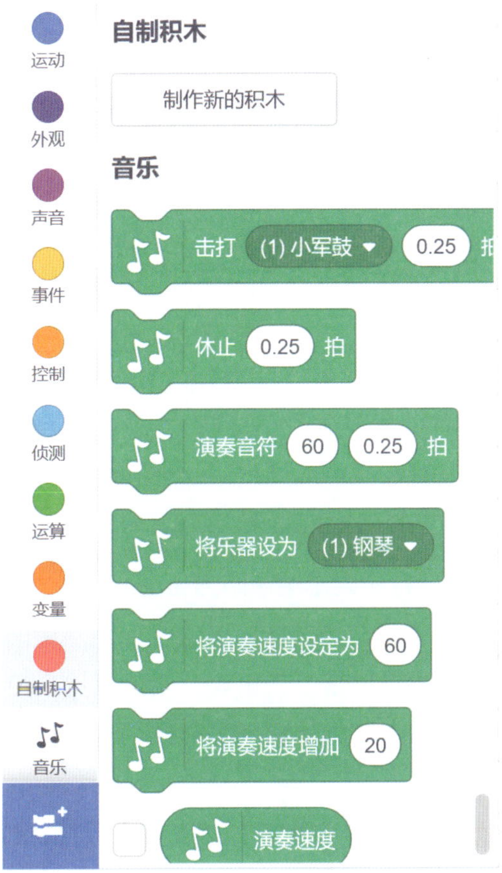

在Scratch中，用户可以根据自己的需求，把一些特定的指令组合在一起，制作成一个新的积木块。这个新的积木块可以像 Scratch自带的积木块一样，在编程中被反复使用。

这样做有很多好处。

首先，可以提高编程效率。在编写一个复杂的程序时，如果有一些重复的操作，可以把这些操作制作成自制积木。这样，每次需要执行这些操作时，只需要调用这个自制积木就可以了，而不需要每次都重复编写或复制相同的指令。

其次，可以使程序更易读。当程序变得越来越复杂时，代码可能会变得混乱不堪，让人难以理解。使用自制积木可以让程序更加清晰易读。

在设计自制积木时要取一个清晰、有意义的名字，这样在使用时可以让人更容易理解它的作用。另外，一定要进行充分的测试，确保它能够正常工作。

点击“制作新的积木块”选项，在弹窗的积木块上添加“播放小星星”，点击“完成”按钮，之后会出现一个新的积木块——播放小星星。

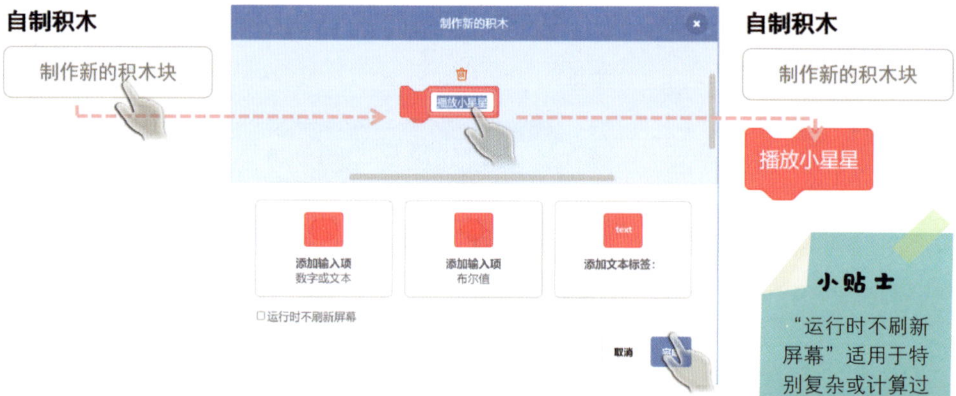

自制积木块过程1

小贴士

“运行时不刷新屏幕”适用于特别复杂或计算过程较长的程序，可以跳过过程直接看结果。

目前这个积木块还没有什么作用，因为还没有定义它。

和“播放小星星”一起产生的还有一个“定义播放小星星”积木块，它可以用来设置“播放小星星”积木块的功能。将播放小星星的积木块都拼接到它的下方。

接下来就可以使用这个积木块了，直接把它们拼接在播放音乐预留位置处。

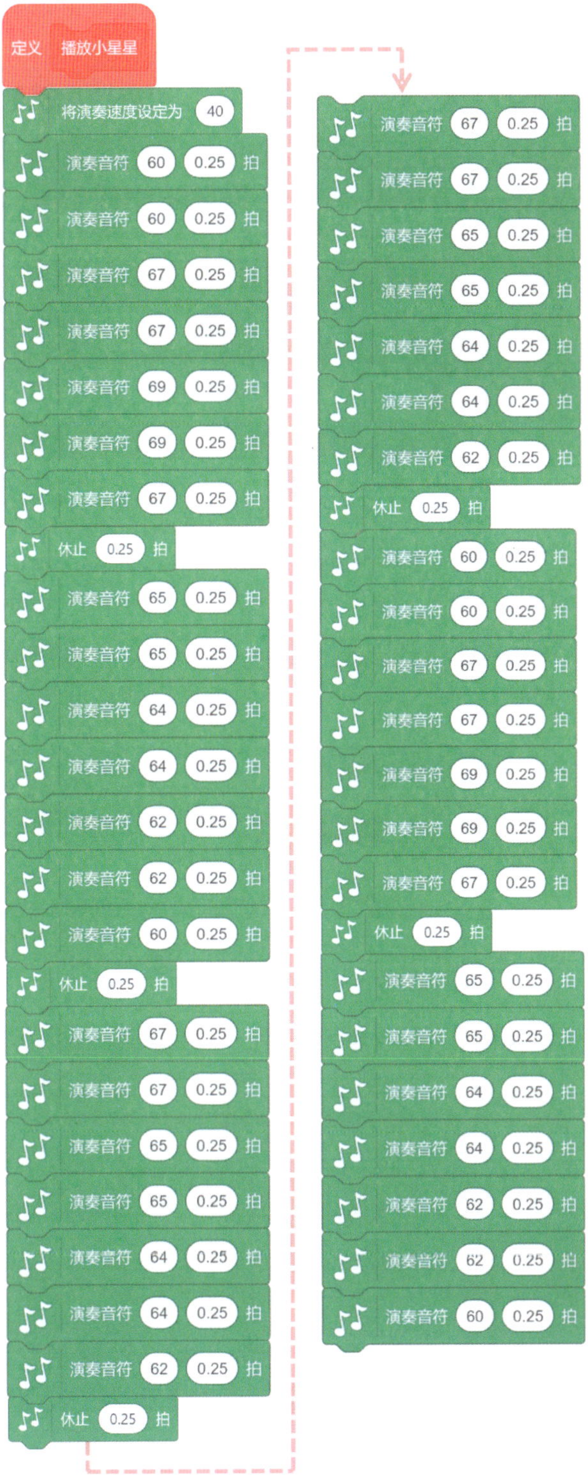
定义 播放小星星
将演奏速度设定为 40
演奏音符 60 0.25 拍
演奏音符 60 0.25 拍
演奏音符 67 0.25 拍
演奏音符 67 0.25 拍
演奏音符 69 0.25 拍
演奏音符 69 0.25 拍
演奏音符 67 0.25 拍
休止 0.25 拍
演奏音符 65 0.25 拍
演奏音符 65 0.25 拍
演奏音符 64 0.25 拍
演奏音符 64 0.25 拍
演奏音符 62 0.25 拍
演奏音符 62 0.25 拍
演奏音符 60 0.25 拍
休止 0.25 拍
演奏音符 67 0.25 拍
演奏音符 67 0.25 拍
演奏音符 65 0.25 拍
演奏音符 65 0.25 拍
演奏音符 64 0.25 拍
演奏音符 64 0.25 拍
演奏音符 62 0.25 拍
休止 0.25 拍
演奏音符 67 0.25 拍
演奏音符 67 0.25 拍
演奏音符 65 0.25 拍
演奏音符 65 0.25 拍
演奏音符 64 0.25 拍
演奏音符 64 0.25 拍
演奏音符 62 0.25 拍
休止 0.25 拍
演奏音符 60 0.25 拍
演奏音符 60 0.25 拍
演奏音符 67 0.25 拍
演奏音符 67 0.25 拍
演奏音符 69 0.25 拍
演奏音符 69 0.25 拍
演奏音符 67 0.25 拍
休止 0.25 拍
演奏音符 65 0.25 拍
演奏音符 65 0.25 拍
演奏音符 64 0.25 拍
演奏音符 64 0.25 拍
演奏音符 62 0.25 拍
演奏音符 62 0.25 拍
演奏音符 60 0.25 拍

如果想让《小星星》或者《两只老虎》播放两次或者更多次怎么办？

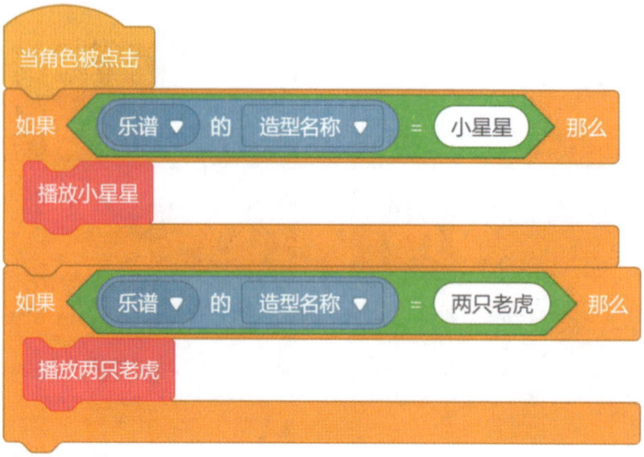

你可能想到的是拼接多个“播放小星星”积木块，或者使用重复执行，这都是可以的，下面介绍另一种方式。

创建新的积木块，选择“添加输入项”选项，修改“number or text”为“次数”，将积木块名称改为“播放小星星 次数”，完成之后会发现新的“播放小星星”积木块后有一个输入框，这里可以输入要播放的次数。

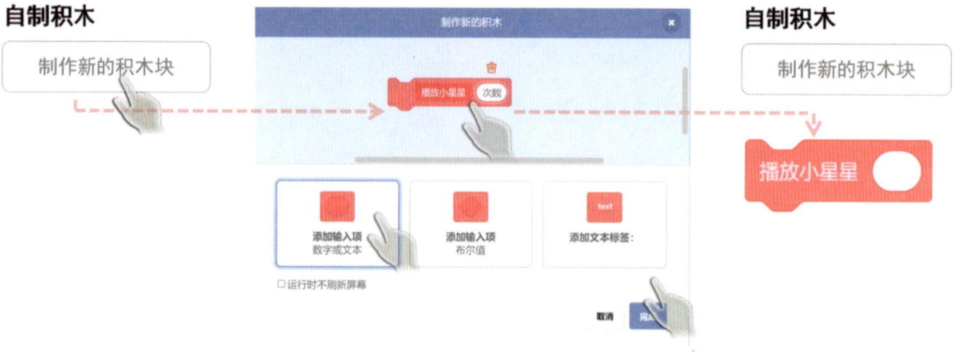

自制积木块过程2

观察这个积木块，可以发现它多了一个“次数”，这是一个可以在“定义播放小星星次数”之下使用的变量。

例如，将“次数”放置到重复执行“次数”积木块处，就可以使用它了。那么这个“次数”是多少呢？

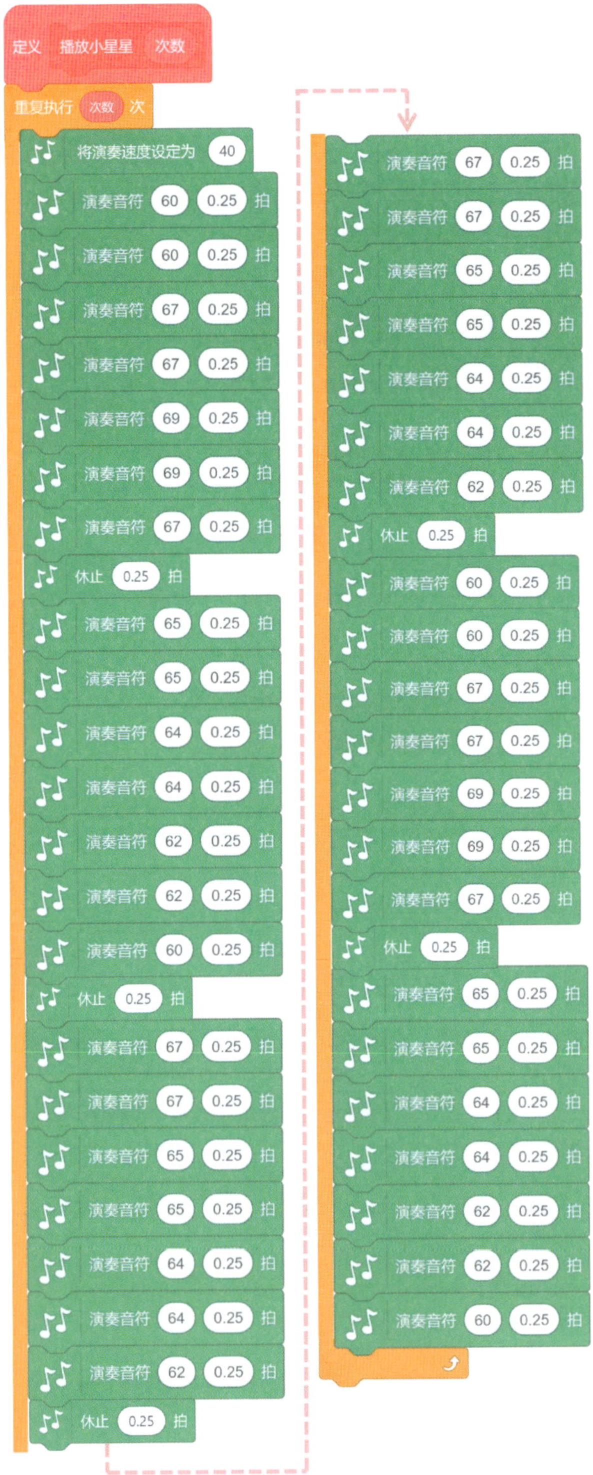

定义 播放小星星 次数
重复执行 次数 次
将演奏速度设定为 40
演奏音符 60 0.25 拍
演奏音符 60 0.25 拍
演奏音符 67 0.25 拍
演奏音符 67 0.25 拍
演奏音符 69 0.25 拍
演奏音符 69 0.25 拍
演奏音符 67 0.25 拍
休止 0.25 拍
演奏音符 65 0.25 拍
演奏音符 65 0.25 拍
演奏音符 64 0.25 拍
演奏音符 64 0.25 拍
演奏音符 62 0.25 拍
演奏音符 62 0.25 拍
演奏音符 60 0.25 拍
休止 0.25 拍
演奏音符 67 0.25 拍
演奏音符 67 0.25 拍
演奏音符 65 0.25 拍
演奏音符 65 0.25 拍
演奏音符 64 0.25 拍
演奏音符 64 0.25 拍
演奏音符 62 0.25 拍
休止 0.25 拍
演奏音符 67 0.25 拍
演奏音符 67 0.25 拍
演奏音符 65 0.25 拍
演奏音符 65 0.25 拍
演奏音符 64 0.25 拍
演奏音符 64 0.25 拍
演奏音符 62 0.25 拍
休止 0.25 拍
演奏音符 60 0.25 拍
演奏音符 60 0.25 拍
演奏音符 67 0.25 拍
演奏音符 67 0.25 拍
演奏音符 69 0.25 拍
演奏音符 69 0.25 拍
演奏音符 67 0.25 拍
休止 0.25 拍
演奏音符 65 0.25 拍
演奏音符 65 0.25 拍
演奏音符 64 0.25 拍
演奏音符 64 0.25 拍
演奏音符 62 0.25 拍
演奏音符 62 0.25 拍
演奏音符 60 0.25 拍

在使用这个积木块时需要输入一个数值，这个数字就是要播放的次数（重复执行的次数）。

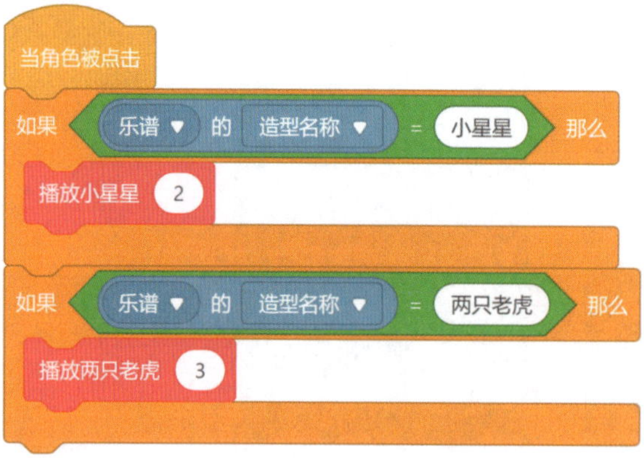

小贴士

在“次数”后还可以添加文本标签，定义更直观、易懂的积木块。

自制积木块过程3

测试验证

单手钢琴这个小工具已经制作完成了，下面请你对程序进行测试，确保游戏能够正常运行。

1. 测试按下键盘上的1～7键，观察琴键造型是否正常切换。

2. 测试按下键盘上的1～7键，是否能播放指定音符且声音正常。

3. 测试点击简谱卡片是否能够正常切换。

4. 测试点击按钮是否能够自动播放钢琴曲。

5. 其他。

测试	出现的问题	可能的原因	我的解决
第一次测试			
第二次测试			

挑战一下

请你继续优化单手钢琴程序，可以尝试增加如下功能。

观看教学视频

1.增加钢琴启动欢迎。

将《小星星》作为启动欢迎音效，当点击小绿旗后自动播放《小星星》。

2.设定音量调节。

按下↑键，音量变大；按下↓键，音量变小。

出谋划策

现在，是时候展示你的单手钢琴小工具了！邀请你的家人、朋友、同学和老师体验你的创作，并分享你的编程旅程。通过社交媒体或面对面交流，向他们介绍如何使用钢琴弹奏乐曲，讲述从构思到完成的全过程，包括你的编程思路、遇到的挑战及你如何巧妙地解决它们。

在分享过程中，积极地与观众互动，询问他们的建议和反馈。保持开放的心态，认真听取每一条意见，无论是表扬还是建议。这些反馈将是你优化作品的宝贵资源。

记住，创作是一个不断学习和进步的过程。保持好奇心和探索精神，不断探索新的创意和功能，使你的作品更加完善。每一次分享和反馈都是你成长的机会，让你的创作之旅更加丰富多彩。

评价与收获

自我评价

回顾学习旅程并思考你的收获。这个环节将帮助你更好地理解你的创作过程，并为未来的作品积累宝贵的经验。请根据实际情况，为星星涂色打分。

序号	评价内容	评　　分
1	我了解拓展模块的添加方法	☆☆☆☆☆
2	我能够理解音乐模块中积木块的作用	☆☆☆☆☆
3	我能够理解自制积木块的作用	☆☆☆☆☆
4	我能够创建积木块并实现积木块的功能	☆☆☆☆☆
5	我的作品实现了所有预期的音乐效果	☆☆☆☆☆

小收获

你在制作钢琴工具时遇到的最大挑战是什么？你是如何克服这些挑战的？通过这次项目，你学到了哪些新的编程技能或知识？你如何将这些新技能应用到未来的项目中？这次经历如何影响你对编程和创作的看法？你对这个作品完成的成就感如何？你觉得自己在哪些方面做得特别出色？请你写一写自己的收获吧！

Scratch+艺术

学习目标

- 了解画笔模块的基本功能，包括落笔、抬笔、设置颜色和粗细等。
- 理解图章与克隆的区别。
- 能够使用图章和画笔创作内容丰富的画面。

小阅读

在人类生活的地球上，荒漠化是一个严峻的问题。我国的塞罕坝曾经是一片飞鸟不栖、黄沙漫天的荒原。然而，几代务林人凭借着顽强的毅力和不屈的精神，在这里扎根，与恶劣的自然环境展开了一场长达数十年的艰苦斗争。他们顶风冒雪，不畏严寒酷暑，一棵一棵地种下树苗。经过无数个日夜的辛勤耕耘，如今的塞罕坝已成为一片百万亩的浩瀚林海。那郁郁葱葱的树木，仿佛是大地的卫士，守护着这片土地的生态平衡。每一棵树都承载着务林人的梦想与希望，它们见证了人类与自然和谐共生的奇迹。

荒漠变绿洲

奇思妙想

塞罕坝、库布齐沙漠的治理是人类的奇迹。从荒漠到绿洲，这伟大的胜利，深深地触动了每个人的心灵，但是荒漠的治理还任重而道远，需要每个人都积极参与。

下面将学习如何使用Scratch来制作《绿洲希望》。这个作品中以一片荒芜的荒漠为背景，那单调的黄色和起伏的沙丘，象征着人类所面临的严峻的生态挑战。而舞台上的画板，则是人类的希望之所在。在这里，每个玩家能够化身为绿色的使者，通过 Scratch 的画笔模块，如同那些默默奉献的治沙人一样，用自己的创造力和爱心，在荒漠中种下希望的种子，描绘出一片片绿洲。

编程思路

工具设计需求

需要提供一片荒漠的背景，营造出真实的生态挑战氛围。画板上有画笔功能，玩家可以通过鼠标或键盘控制画笔在荒漠背景上移动和绘画，模拟种树完成绿化的过程。具备增加画笔粗细的按钮，让玩家可以根据需要调整画笔大小，以绘制不同规模的植物。设有修改颜色的按钮，允许玩家选择不同的颜色来绘制植物，增加绘画的多样性。提供几种植物叶片，使得玩家绘制特定植物，丰富绘画内容。

工具设计步骤

第一步：设计工具面板，包含背景和画板。

第二步：设置通过鼠标能够绘画。

第三步：设置能够改变画笔粗细和选择颜色。

第四步：设置画笔能够通过图章快速绘制叶片。

趣编程

设计工具面板

首先导入荒漠背景和画板角色，将画板放置在舞台右侧，可以看到画板上空空如也，接下来按照下面的排列方法，把画板上的空位都填满吧。

注意：需要改变部分素材的大小，下面提供了一些参考。

角色	神奇画笔	加号、减号	颜色1～6	枝叶1～4
大小	70	50	7	50

主页面设计

将所有角色的当前位置设定为初始位置，确保在点击小绿旗时，所有角色都在正确的位置。下面的位置可供参考。需要注意的是，由于画板没有实际作用，因此将它放在最下面。同时，为了避免在使用画板上的内容时拖动画板，可以重复执行将它移到现在所在的位置，使它不会被拖走。

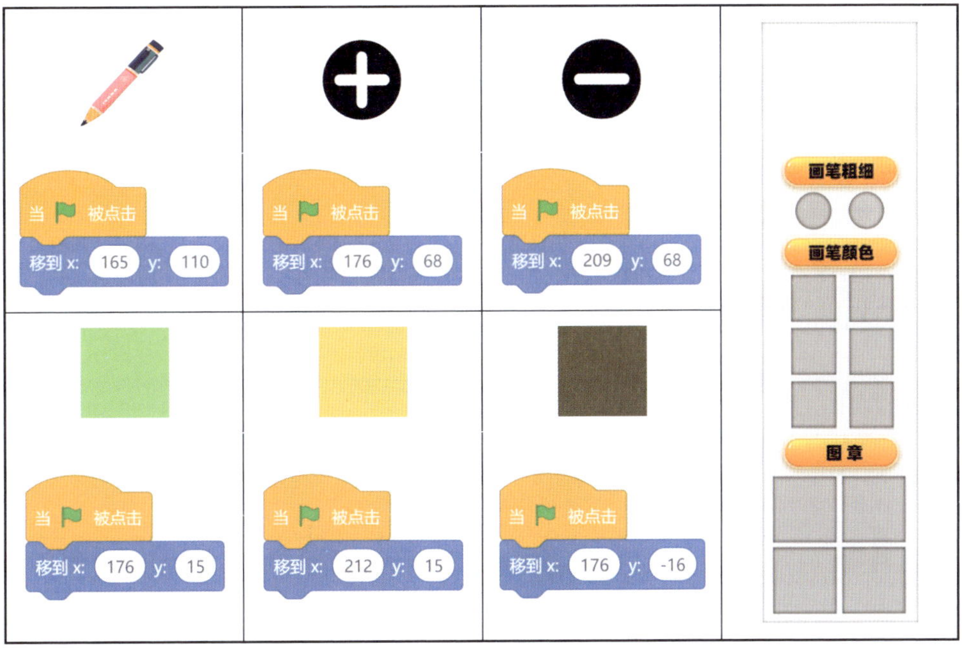

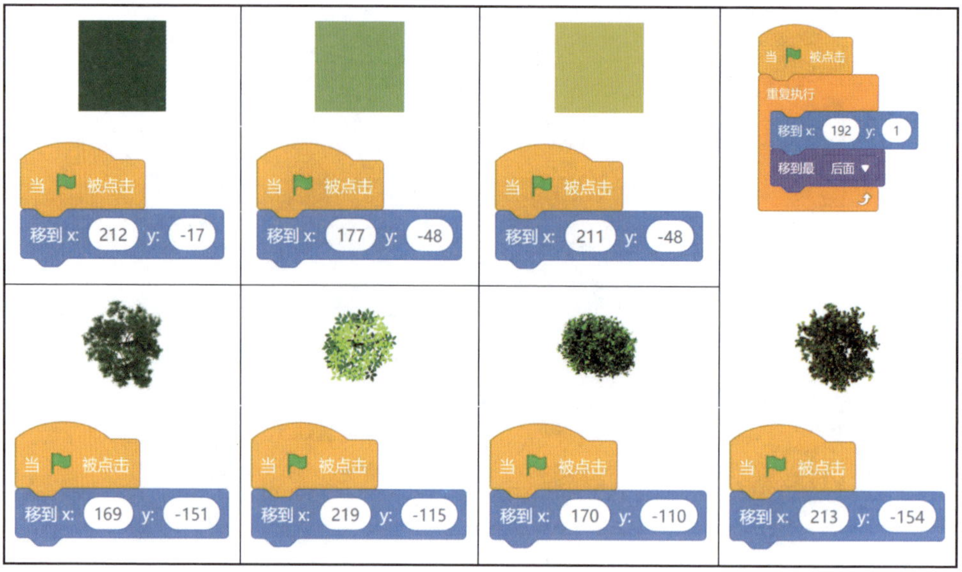

使用鼠标进行绘画

在拓展模块找到画笔并添加。

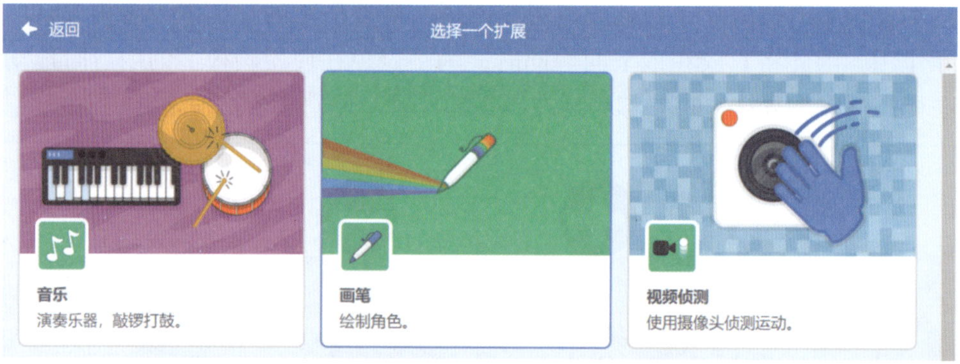

添加画笔模块

认识画笔模块中的积木块。

画笔模块中的部分积木块

所属模块	积木块	功　　能
 画笔		清空舞台上所有画笔的痕迹，清空操作不影响角色
		画笔落下，开始绘图

续表

所属模块	积木块	功　能
画笔	抬笔	抬起画笔，结束绘图
	将笔的颜色设为	设置画笔颜色为指定颜色
	将笔的粗细设为 1	将画笔粗细设定为指定值（0～100）

为画笔添加积木块。

在开始作画前，要确保舞台上没有画笔痕迹，使用“全部擦除”积木块清空舞台。然后设置画笔的颜色和画笔粗细。除此之外，设置点击（使用）画笔时，画笔跟随鼠标指针移动，按下鼠标时可以在舞台上作画。

注意“抬笔”和“落笔”的顺序。

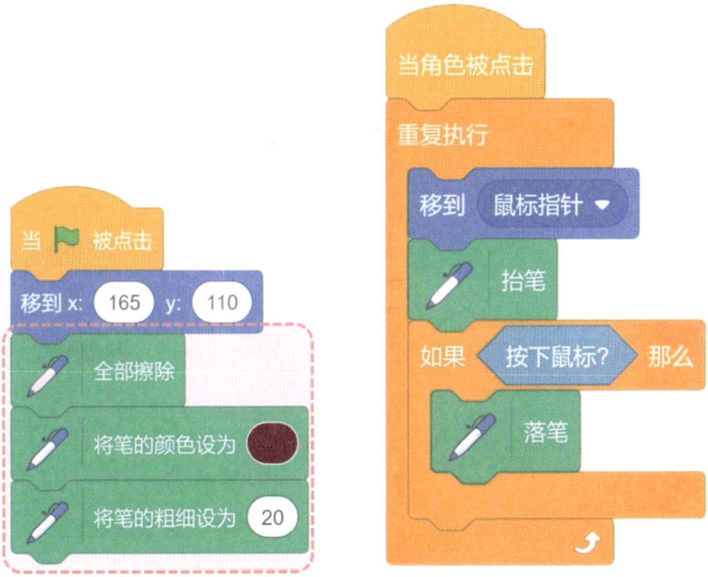

试一试： 点击小绿旗运行程序，点击画笔尝试在舞台上绘画，说一说你的感受。

你可能会发现，在小屏幕下没办法在舞台上绘画，在全屏下，画笔画出的线条是从画笔中间产生的，这是因为没有修改画笔的定位点，在小屏幕状

态下点击鼠标会直接拖动画笔而非绘画。

打开画笔造型，拖动画笔，将笔尖对准定位点，但不碰到定位点。

画笔效果

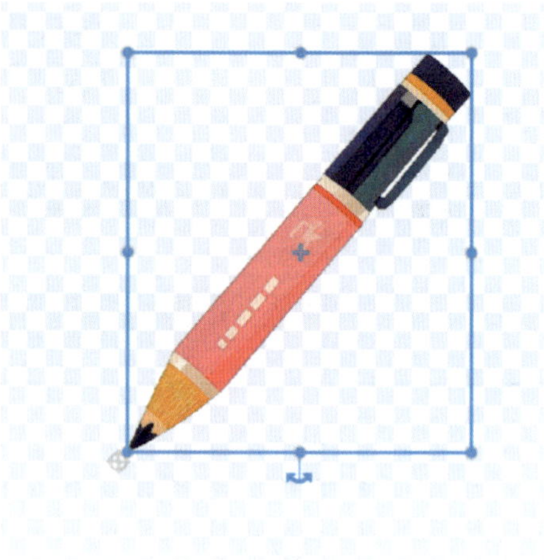

调整画笔造型

小贴士

点击积木块后，可以通过设置颜色、饱和度、亮度去修改颜色，或者使用吸管工具吸取颜色。

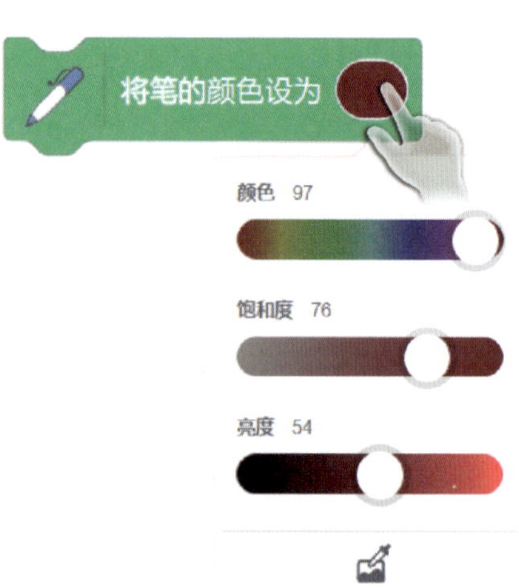

设置画笔粗细与颜色

当点击画板中的“+”号时，画笔笔迹变粗；相反，点击“-”时，画笔笔迹变细。这里可以使用广播功能配合设置画笔粗细的积木块实现。

分别为加号、减号和画笔角色添加积木块。当两个符号被点击时，发出“变粗”或“变细”的广播，当画笔接收到广播后就会将画笔的粗细增加或减小。

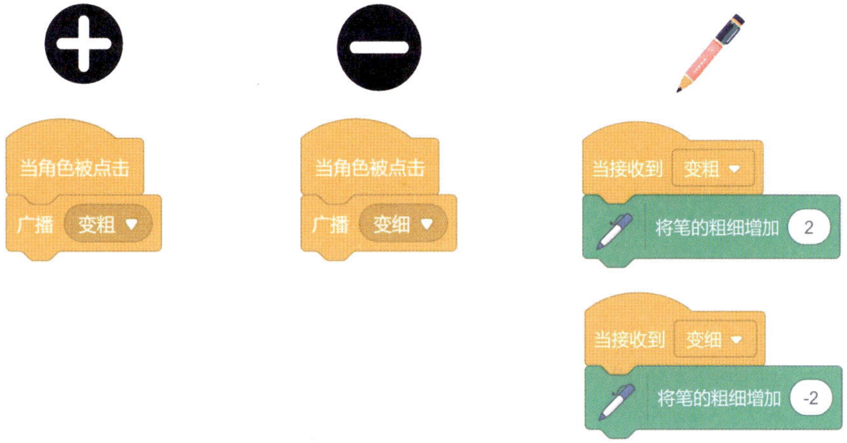

画笔颜色的设置与画笔粗细的设置方法相同。为它们添加，当角色被点击时，发出指定广播。

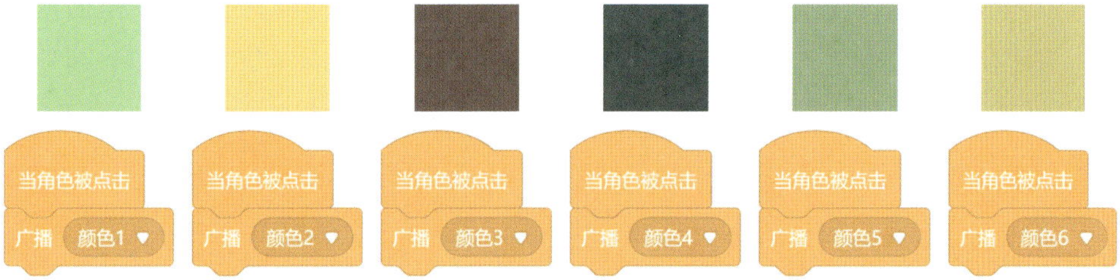

为画笔角色添加积木块，当接收到指定颜色的消息后，将画笔颜色设置为相应的颜色，可以使用吸管工具吸取舞台上色块的颜色。

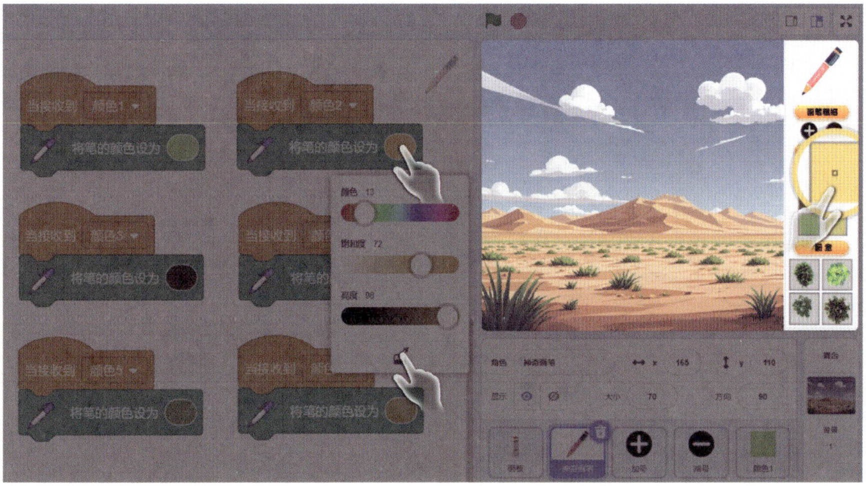

吸取颜色

试一试：点击小绿旗运行程序，点击画笔尝试在舞台画出一棵树的树干。

当绘画结束时，需要将画笔放回原来的位置，可以进行如下设置。

当按下空格键后，停止其他积木块的运行，再移动到原来的位置。

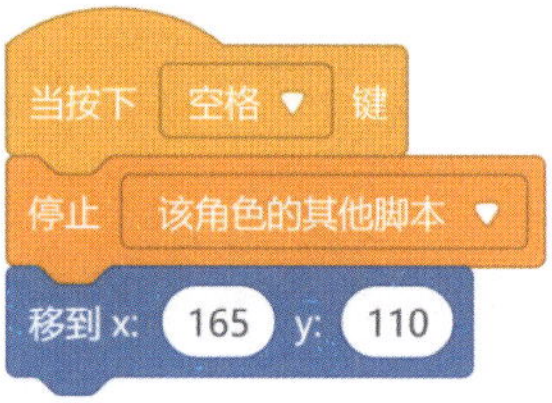

使用图章画出树叶

现在画出的小树可能还是光秃秃的，如果直接去画树叶，可能需要很久。在积木块里可以找到一个之前未见过的名字——图章。

图章积木块就像一个神奇的印章，在使用图章积木块时，Scratch 会把当前角色的外观“印”在舞台上，就像用印章在纸上盖章一样。它的好处可不少。

图章可以大大提高创作效率，若想要在舞台上创建多个相同或相似的图形，不用一个一个去绘制，只需用图章积木块就可以快速复制出多个图形。比如要画一片森林，只需先画好一棵树，然后用图章功能就能快速地印出很多棵树，节省了大量的时间和精力。

图章能帮助人们创造丰富的视觉效果。通过调整角色的大小、颜色、不透明度等属性，可以使用图章制作出各种不同的图案，增加画面层次。比如把一个角色缩小，多次使用图章绘制，可以营造出角色远近不同的效果，让画面更加生动有趣。

图章效果

为“枝叶1”角色添加如下积木块。

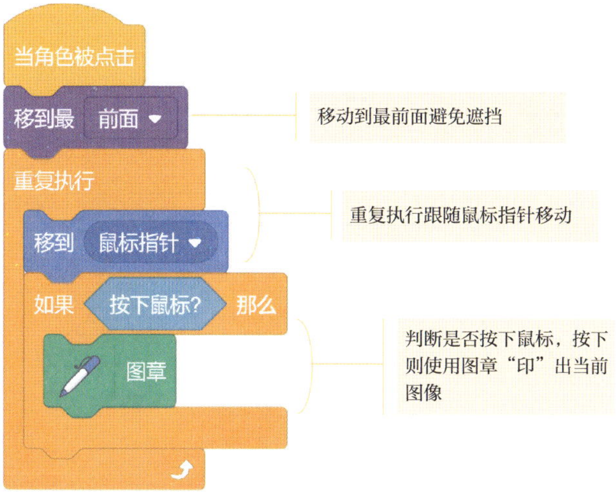

试一试：点击画板上的枝叶1，在舞台上点击鼠标，观察使用图章“印”出枝叶1的效果。

为了能够绘制不同的树叶，可以继续为枝叶1角色添加不同的功能。例如，按下↑键让它增大，按下↓键让它变小，按下→键让它向右旋转5度，按下←键让它向左旋转5度。

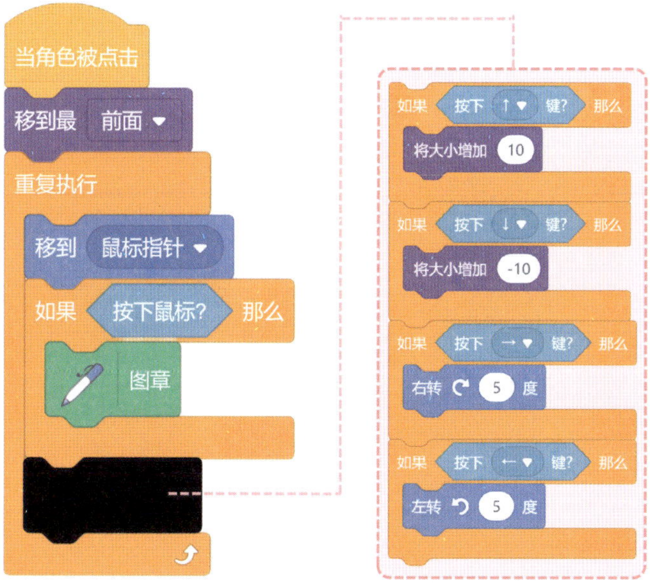

当枝叶图章使用完毕后，应该及时停止，为枝叶1角色继续添加积木块，即当按下空格键后，停止角色的其他脚本，将大小重新设置为50，移动到原来的位置。

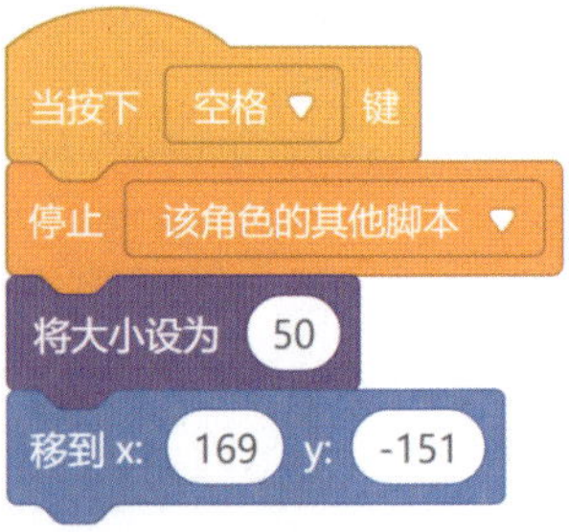

另外，需要注意的是，为了避免大小的改变影响程序，在点击小绿旗后应该补充“将大小设为50”积木块。

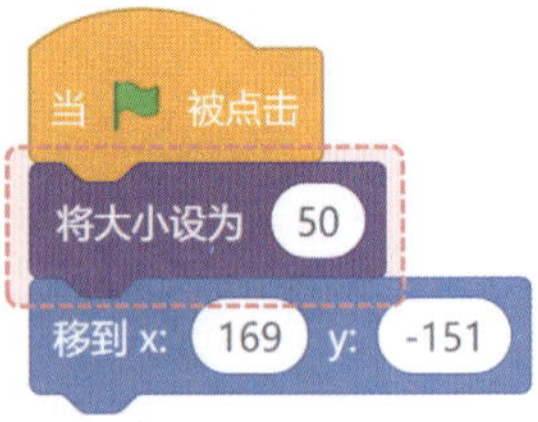

小贴士

在Scratch 中，图章和克隆虽然都能复制角色，但它们有很多不同之处。

一、控制方式不同

图章就像用一个印章在舞台上盖章，把当前角色的外观直接“印”在舞台上，复制出的图形和原角色在外观上是完全一样的，但不会有独立的行为和属性。例如，用图章复制一个花朵角色，印出来的花朵只是一个静态的图像，不能单独移动或执行其他动作。

克隆是创建一个与原角色完全相同的副本，这个副本具有独立的行为和属性，可以单独进行编程控制。比如，克隆一个小鸟角色后，可以让克隆体独立地在舞台上飞行，而原角色可以继续执行其他动作或者保持不动。

二、使用场景不同

图章适合用来快速创建静态的图案或背景。比如制作一幅星空图，可以用图章复制很多星星，营造出繁星满天的效果；也可以用于制作一些简单的重复图案，如格子花纹、波纹等。

克隆常用于制作动态的效果和复杂的场景。比如创建一个游戏场景，克隆出多个敌人角色，让它们分别执行不同的动作，增加游戏的趣味性和挑战性；或者在动画制作中，克隆出多个角色来表现不同的情节和动作变化。

试一试： 为“枝叶2”“枝叶3”“枝叶4”添加相同的积木块。可以通过复制的方式完成，将要复制的积木块拖动到相应的角色上即可。

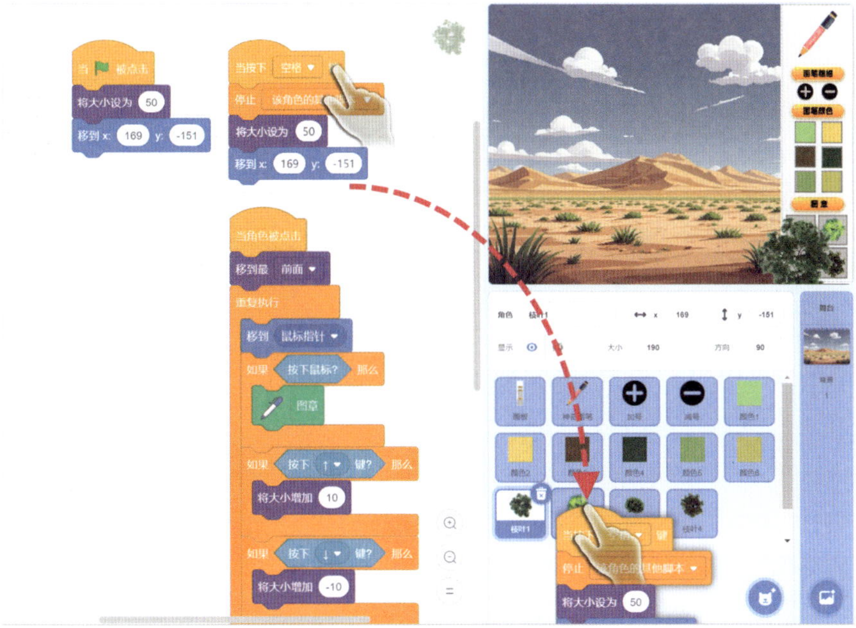

复制积木

测试验证

《绿洲希望》作品已经完成了，下面请你对程序进行测试，确保游戏能够正常运行。

观看教学视频

1. 测试绘画过程是否流畅，无卡顿现象，是否能够顺利地进行创作。

2. 测试线条的粗细是否能够正常修改。

3. 测试线条的颜色是否能够正常修改。

4. 检查图章是否能在舞台上正确地“印”出相应的植物图案。

5. 其他。

测试	出现的问题	可能的原因	我的解决
第一次测试			
第二次测试			

挑战一下

请你继续优化《绿洲希望》作品，可以尝试增加如下功能。

观看教学视频

1. 增加背景音乐。

为作品添加一首符合情景的背景音乐。

2. 设定图章音效。

为枝叶添加音效，在每次使用图章时，给出音效反馈。

出谋划策

现在，是时候展示你的《绿洲希望》作品了！邀请你的家人、朋友、同学和老师体验你的创作，并分享你的编程旅程。通过社交媒体或面对面交流，向他们介绍如何使用画板进行创作，讲述从构思到完成的全过程，包括你的编程思路、遇到的挑战及你如何巧妙地解决它们。

在分享过程中，积极地与观众互动，询问他们的建议和反馈。保持开放的心态，认真听取每一条意见，无论是表扬还是建议。这些反馈将是你优化作品的宝贵资源。

记住，创作是一个不断学习和进步的过程。保持好奇心和探索精神，不断探索新的创意和功能，使你的作品更加完善。每一次分享和反馈都是你成长的机会，让你的创作之旅更加丰富多彩。

评价与收获

自我评价

回顾学习旅程并思考你的收获。这个环节将帮助你更好地理解你的创作过程，并为未来的作品积累宝贵的经验。请根据实际情况，为星星涂色打分。

序号	评价内容	评　分
1	我了解画笔模块积木块的功能和用法	☆☆☆☆☆
2	我理解图章与克隆的区别	☆☆☆☆☆
3	我能灵活地运用图章和画笔，创作出丰富的画面	☆☆☆☆☆
4	我的作品实现了所有预期的绘画效果	☆☆☆☆☆

小收获

你在制作《绿洲希望》时遇到的最大挑战是什么？你是如何克服这些挑战的？通过这次项目，你学到了哪些新的编程技能或知识？你如何将这些新技能应用到未来的项目中？这次经历如何影响你对编程和创作的看法？你对这个作品完成的成就感如何？你觉得自己在哪些方面做得特别出色？请你写一写自己的收获吧！

____

____

____

____

____

Scratch+体育

学习目标

- 了解视频侦测模块侦测摄像头所拍摄的画面中的变化，如物体移动、颜色变化等。
- 了解视频透明度的含义。
- 了解镜像的含义。
- 掌握视频侦测的基本操作方法，根据实际需求调整阈值实现准确的视频侦测。

小阅读

打排球是一项充满活力与激情的体育运动。排球运动通常在一个长方形的场地上进行，场地中间有一张高高的网将场地分为两边。每支队伍由若干名队员组成。

比赛的目标是将球击打过网，落在对方的场地上，同时要防止对方把球击打到自己一方的场地。队员们可以用手、手臂等部位击球，但要遵守一定的规则。在排球比赛中，每队的队员们需要密切配合。他们通过传球、垫球、扣球等动作，巧妙地传递和击打排球。

排球运动不仅能锻炼身体，还能培养团队合作精神和顽强拼搏的意志。

排球运动

奇思妙想

为了让更多的人感受到排球运动的魅力，可以借助 Scratch 创作《排球挑战》这款体育类的作品。这款作品以排球运动为主题，通过视频侦测技术，让玩家能够亲身体验排球运动的乐趣。玩家在游戏中可以像中国女排队员一样，用自己的身体姿势控制排球落下的位置，在关键时刻做出击球的动作，感受那种紧张刺激的比赛氛围。挑战自己的反应速度和手眼协调能力。

编程思路

游戏规则设计

游戏开始：点击小绿旗开始游戏，5秒倒计时内可以通过身体移动舞台上的排球到任何位置。

游戏进行：倒计时结束后，排球开始掉落。玩家需要用手做出击球的姿势和动作，此时程序需要确认玩家动作幅度是否大于某个数值。如果大于该数值，则表示成功击球，排球向上反弹；如果小于等于该数值，则排球继续掉落。

游戏结束：如果排球落地，则游戏失败。游戏结束后，可查看自己击球的时间。

游戏设计步骤

第一步：设置倒计时与计时器。

第二步：设置倒计时内用身体移动排球到任意位置。

第三步：设置排球掉落，如果排球落地则游戏结束。

第四步：设置玩家通过动作完成击球。

趣编程

设计倒计时与计时器

创建“倒计时”角色，将素材包中的数字导入造型，为“倒计时”角色添加积木块。通过造型的切换，实现倒计时功能。

导入“排球”和“地板”素材，将排球大小设置为80。创建变量“时间”，用于计时。

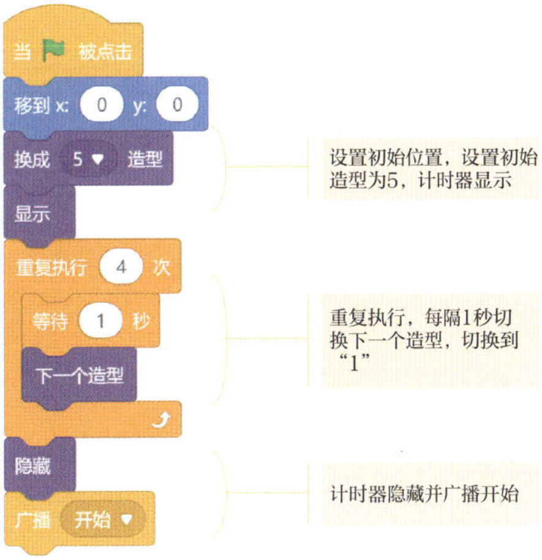

将“地板”角色放置在舞台底部，为其添加积木块，当单击小绿旗时，地板被移动到底层，并设置其初始位置。

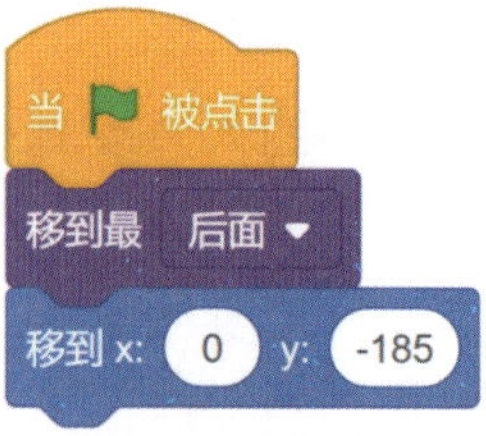

为“排球”角色添加积木块，当接收到“开始”广播后将时间设置为0，每隔1秒时间增加1，进行计时。

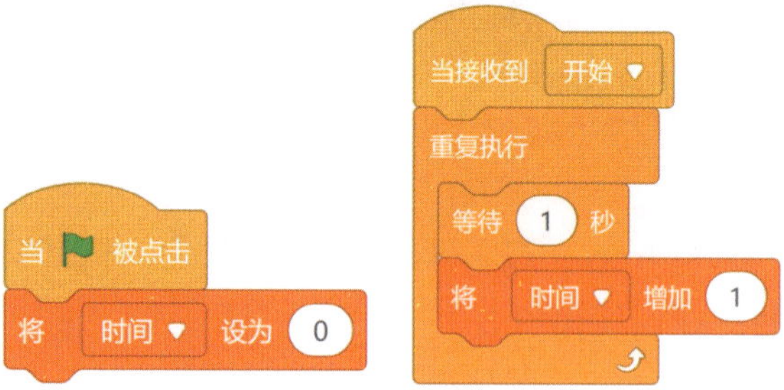

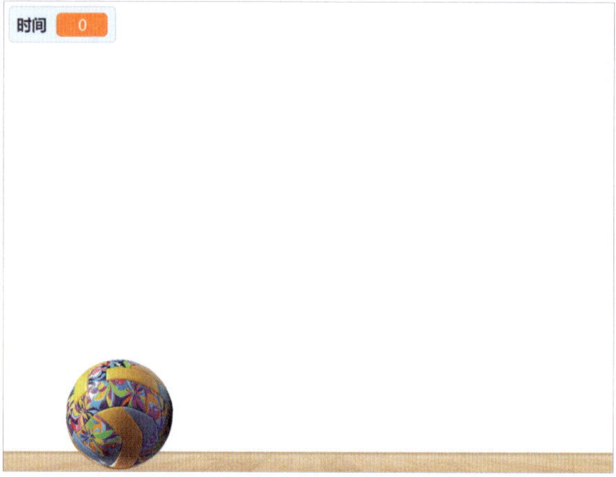

主界面效果

用身体移动排球

首先来认识视频侦测模块，在拓展模块中添加该模块。

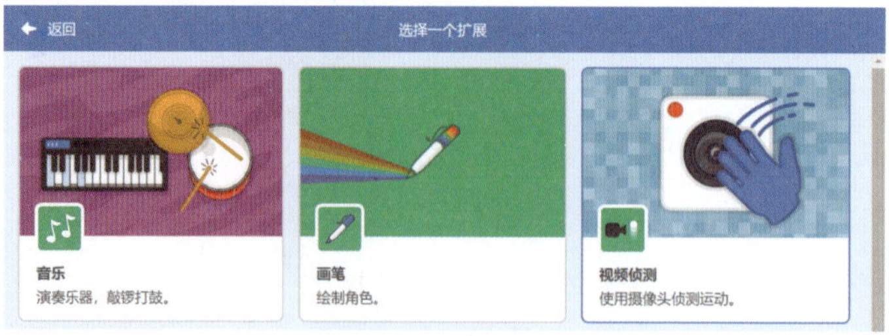

视频侦测模块

该模块主要有以下积木块。

所属模块	积木块	功能
视频侦测	开启 ▾ 摄像头	在舞台上开启、关闭或者镜像开启摄像头
	将视频透明度设为 (50)	调整视频的透明度为指定数值
	当视频运动 > (10)	判断视频中的动作数值是否大于10，如果大于就启动下方拼接的程序
	相对于 角色 ▾ 的视频 运动 ▾	侦测视频中的运动和方向积木块，可以获取视频运动和方向的数值

开启摄像头可以打开计算机的摄像头，但有两个选项，一是开启，即正常启动摄像头；二是镜像开启，拍摄的画面会左右调换。

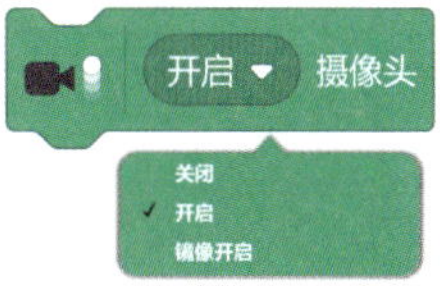

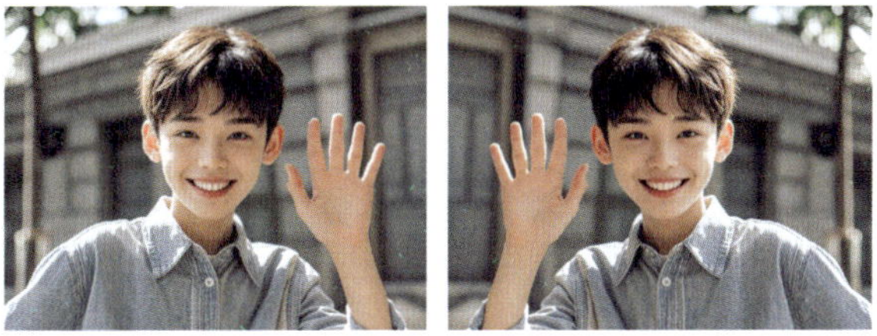

镜像未开启　　镜像开启

视频镜像效果对比

开启摄像头后还可设置视频的透明度。透明度的取值范围是0～100。数值越小，视频越清晰，当透明度为100时，就无法看到视频了。

不同透明度的视频效果

如何检测视频运动呢？通过如下积木块可以获取视频相对于角色或者舞台的运动量和方向。有了方向数据和运动量数据就可以做很多事情。

试一试： 为“排球”角色添加如下积木块，点击小绿旗，开启视频上下左右移动，观察排球的变化。

____

____

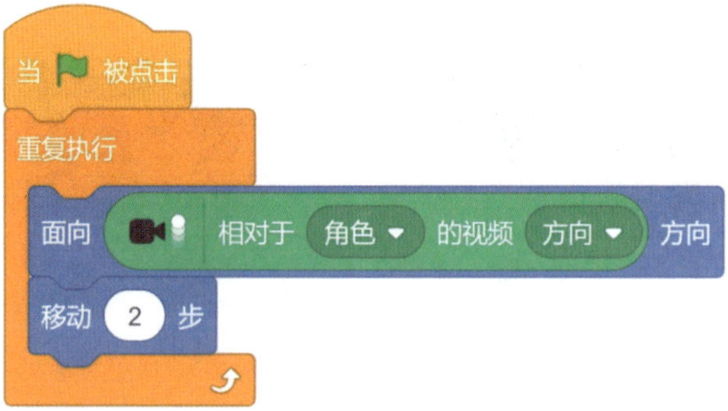

倒计时结束前，用户可以通过身体移动排球，但倒计时结束后就不能移动了，因此需要设定一个条件。创建一个变量“是否可移动”，在“倒计时”角色广播“开始”之后设置为0。为“排球”角色添加积木块，当点击小绿旗后设置其初始位置，开启摄像头，将视频透明度设置为0，将“是否可移动”设置为1。接下来重复执行判断“是否可移动=0”，这时设置排球能够面向视频人物动作的方向移动，实现“隔空拖动”的效果。

当倒计时结束时，“是否可移动=0”，那么结束重复执行。

“倒计时”角色

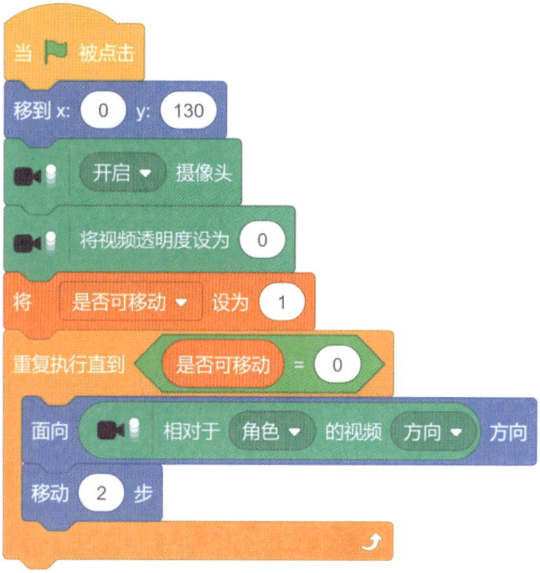

“排球”角色

排球掉落，游戏结束

在前面制作《击鼓颠球》作品时，设置过让篮球掉落，这里让排球掉落的逻辑与篮球是一样。但不同的是，这里要实现简单的“加速度”掉落。也就是说，掉落的速度会越来越快。

创建一个变量“速度”，它将用于控制排球掉落的速度。

当接收到“开始”广播后，将速度设为0，判断y坐标是否小于-140（-140是排球接触地面时大概的y坐标）。即在落地之前，重复执行将速度增加-1，并把速度用于控制y坐标的增减，就能够实现排球加速下落。同时为排球增加一个旋转的效果，能够使画面更和谐。

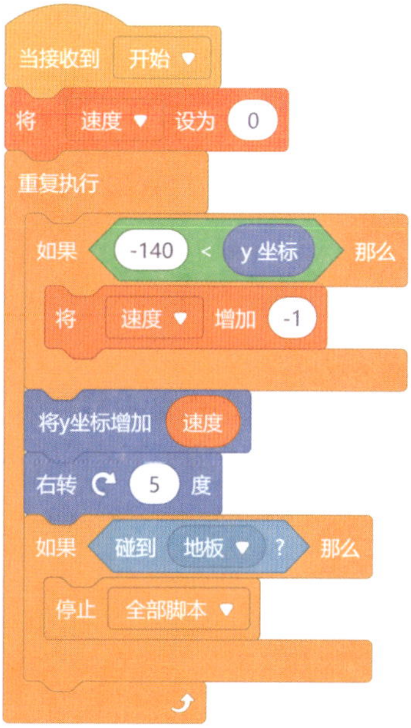

排球落地

当下落接触地板时，游戏结束，停止全部程序。

设置通过动作击球

当视频中的人物肢体碰到排球时，排球就被击起。“相对于角色的视频运动”指的是视频中人物碰到角色时的运动量（动作幅度），范围是0～100，不同动作幅度会有不同的数值。

判断当碰到排球的动作幅度大于25时（25为预设，可以根据实际情况增加或者减少这个数值），就播放声音，表示击中排球，并将速度增加6（速度增加6，y坐标增加6，表示排球向上移动）。

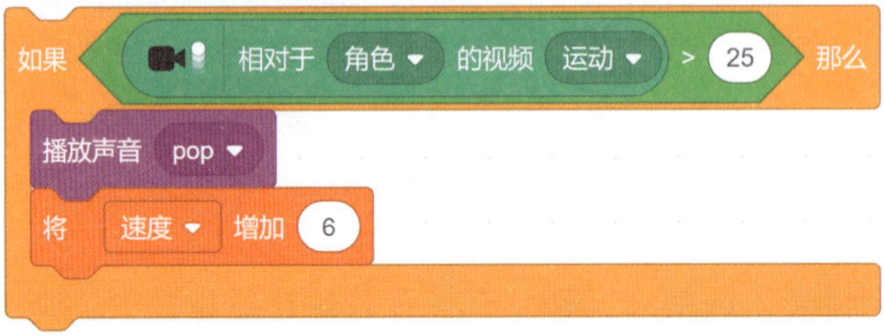

小贴士

了解排球颠球手势，在作品中试一试颠球的动作。视频中的颜色也是可以被识别到的，同样可以使用侦测模块中的积木块进行判断。

当动作幅度很大时，排球可能会被击飞到舞台顶部，为了增加游戏的可玩性，可以进行如下设置：当y坐标大于215时（215为大约数值），就重新设定x坐标为一个-200～200的随机数。这样排球被击飞得过高时，就会在别处落下来。

本段完整积木块如下。

测试验证

《排球挑战》作品已经完成了，下面请你对程序进行测试，确保游戏能够正常运行。

1. 测试通过身体姿势移动排球的功能是否准确。在规定的 5 秒时间内，观察排球是否能根据玩家的身体移动而顺畅地在舞台上移动，以及方向和幅度是否符合预期。

2. 测试击球姿势检测功能。玩家做出击球姿势时，检查程序是否能准确检测到视频运动并判断是否大于设定的数值，从而实现将球击起的效果。如不能，测试调整预设值或者调整击球动作幅度。

3. 如果玩家成功击球多次，测试难度调整功能是否生效，如排球掉落位置改变等。

观看教学视频

4. 其他。

测试	出现的问题	可能的原因	我的解决
第一次测试			
第二次测试			

挑战一下

请你继续优化《排球挑战》作品，可以尝试增加如下功能。

增加最高纪录功能。

设置一个变量“最高纪录”对比挑战时间，当时间超过最高纪录则提示获得最高纪录。

最高纪录效果

观看教学视频

出谋划策

现在，是时候展示你的《排球挑战》小游戏了！邀请你的家人、朋友、同学和老师体验你的创作，并分享你的编程旅程。通过社交媒体或面对面交流，向他们介绍如何通过视频与Scratch交互完成击球，讲述从构思到完成的全过程，包括你的编程思路、遇到的挑战及你如何巧妙地解决它们。

在分享过程中，积极地与观众互动，询问他们的建议和反馈。保持开放的心态，认真听取每一条意见，无论是表扬还是建议。这些反馈将是你优化作品的宝贵资源。

记住，创作是一个不断学习和进步的过程。保持好奇心和探索精神，不断探索新的创意和功能，使你的作品更加完善。每一次分享和反馈都是你成长的机会，让你的创作之旅更加丰富多彩。

评价与收获

自我评价

回顾学习旅程并思考你的收获。这个环节将帮助你更好地理解你的创作过程，并为未来的作品积累宝贵的经验。请根据实际情况，为星星涂色打分。

序号	评价内容	评　分
1	我理解视频侦测模块的使用，能够开启、关闭摄像头	☆☆☆☆☆
2	我能够为视频设置合适的透明度	☆☆☆☆☆
3	我能够正确添加和使用“相对于角色的视频方向”“相对于角色的视频运动”等相关积木块来实现排球的移动和击球检测功能	☆☆☆☆☆
4	我的作品实现了所有预期的游戏效果	☆☆☆☆☆

小收获

你在制作《排球挑战》时遇到的最大挑战是什么？你是如何克服这些挑战的？通过这次项目，你学到了哪些新的编程技能或知识？你如何将这些新技能应用到未来的项目中？这次经历如何影响你对编程和创作的看法？你对这个作品完成的成就感如何？你觉得自己在哪些方面做得特别出色？请你写一写自己的收获吧！

Scratch+语文

学习目标

- 熟练使用列表存储和管理数据，并进行添加、访问等操作。
- 熟练使用消息的广播与接收。
- 熟练掌握计时器的设计与应用。
- 了解数学中奇数和偶数在编程中的应用。

小阅读

诗词，是中国古代文学的瑰宝，它以精练的语言和丰富的想象力，表达了人们对自然、社会和人生的种种感悟。比如，唐代诗人李白的《静夜思》："床前明月光，疑是地上霜。举头望明月，低头思故乡。"这首诗用简洁的语言，描绘了诗人夜晚思念家乡的情感。宋代大文豪苏轼的《水调歌头》，通过"明月几时有？把酒问青天。"表达了其对人生无常的感慨和对美好时光的珍惜。

我们的祖国拥有悠久而丰富的诗词文化。从古至今，无数诗人用他们的才华和情感，创作了不计其数令人赞叹的诗词作品。

奇思妙想

古老的诗词文化能与现代的编程技术结合起来吗？

编程又会对学生的语文学习有什么帮助呢？

想象一下，当你坐在计算机前，屏幕上出现了一位古代诗人，他微笑着向你吟诵出一句古诗，而你则需要迅速地在键盘上敲出下一句，与诗人进行一场跨越时空的对话。这不仅是一种对古诗记忆的挑战，更是一次对编程技能的实践。

下面介绍如何使用Scratch来制作一个《对答如流》小游戏。编程不仅仅是冰冷的代码，它也可以是充满创意和乐趣的语言。通过对本章内容的学习，相信大家不仅能够提升编程能力，还能够更深入地了解和欣赏我国的诗词文化。

编程思路

游戏规则设计

游戏开始：点击“开始答题”按钮进入游戏，设置挑战时间。

游戏进行：“诗人”提问，随机说出一句古诗（词），玩家需要通过键盘打字，输入诗（词）的下一句，答对积累1分，显示正确提示，答错显示错误提示，答对或答错都可以继续游戏。

游戏结束：时间耗尽游戏结束。

游戏设计步骤

第一步：导入游戏素材和诗句，做好准备工作。

第二步：设置“开始答题”按钮，游戏开始。

第三步：设置游戏时长，时间耗尽游戏结束。

第四步：设置随机抽取诗句，诗人进行提问。

第五步：判断回答正确或错误，设置提示。

趣编程

导入游戏素材

打开本章素材文件，导入背景，导入“诗人”“开始”角色，按下页上图调整“诗人”和“开始”的位置。

导入“回答正确”，将角色名称改为“提示”，打开“造型”，分别导入“回答错误”和“时间到”造型。

将“提示”角色隐藏。

主界面效果

现在需要把“题库”导入到游戏中，可以用列表来存储这些数据。新建列表，命名为“诗句”，适用于所有角色。在舞台上找到空列表，点击鼠标右键，选择“导入”命令，选择素材文件中的诗词句并打开。导入诗句后在舞台上隐藏列表。

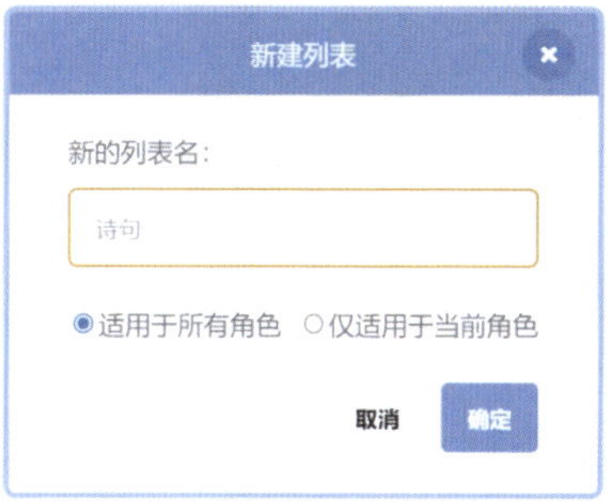

创建列表

导入列表内容

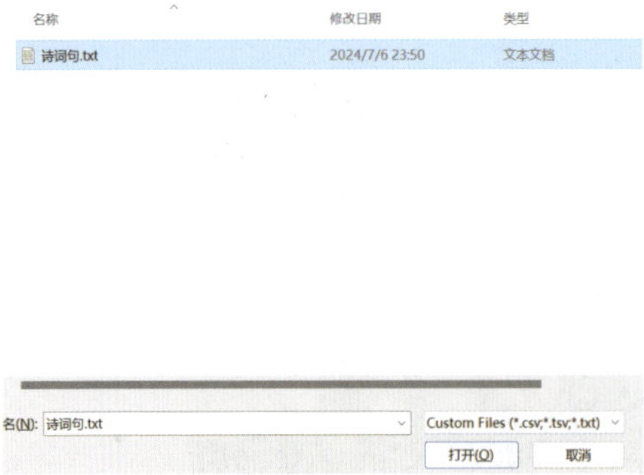

选择文件

完成导入

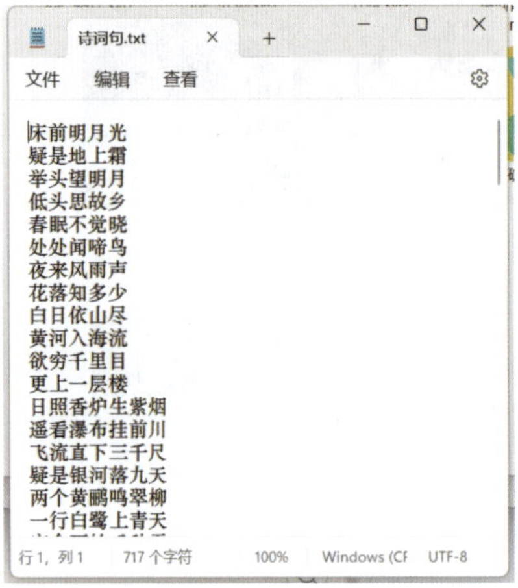

床前明月光
疑是地上霜
举头望明月
低头思故乡
春眠不觉晓
处处闻啼鸟
夜来风雨声
花落知多少
白日依山尽
黄河入海流
欲穷千里目
更上一层楼
日照香炉生紫烟
遥看瀑布挂前川
飞流直下三千尺
疑是银河落九天
两个黄鹂鸣翠柳
一行白鹭上青天

诗句格式处理

小贴士

为了方便答题，素材中的诗（词）句是按照每行一句的格式整理好的，并且去掉了题目、作者、标点符号等信息。如果需要添加或删除诗句，要保持这样的格式。如果需更新诗句，请将Scratch中列表的数据清除，再将更新后的诗句重新导入。

游戏的开始

首先导入背景音乐，在背景中添加如下积木块，让其能够重复播放。

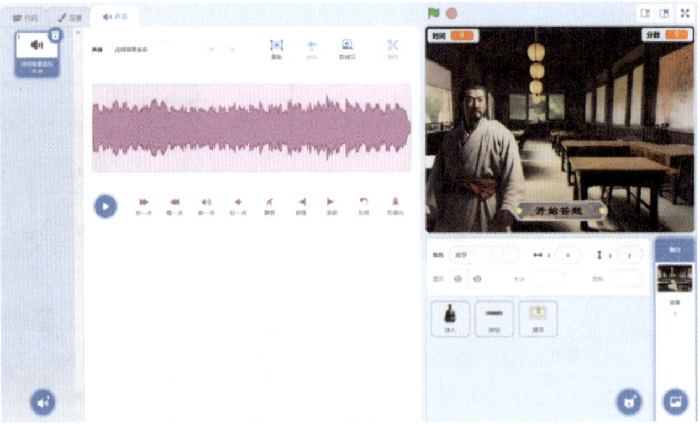
导入音乐

接着为“开始”角色添加如下积木块，点击小绿旗时，在固定位置置顶显示，点击它时将其隐藏并广播“开始游戏”。

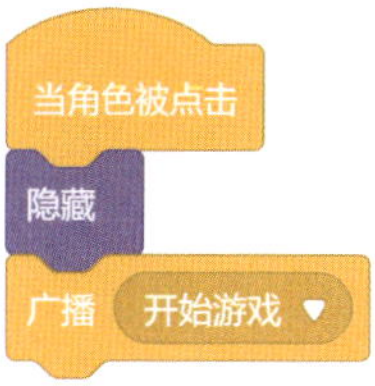

设置倒计时与游戏结束

首先创建两个变量“分数”和“时间”，前者用来计分，后者用来计时。

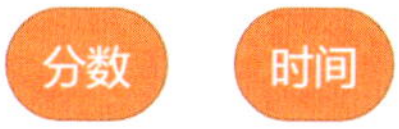

在“诗人”角色中添加左侧的积木块，点击小绿旗后设定其位置，并将分数与时间皆设置为0。

再为“诗人”角色添加如下积木块。

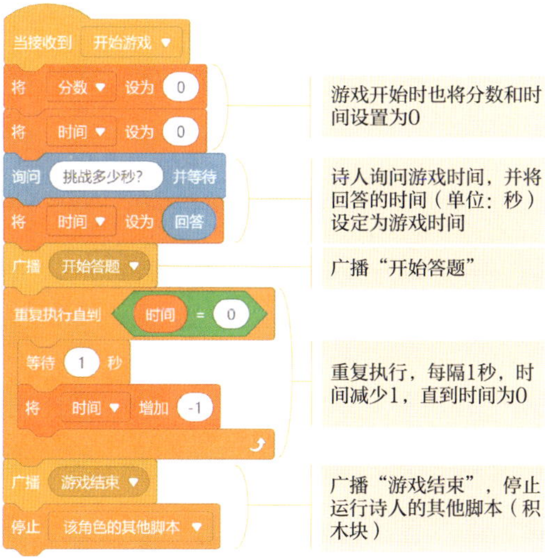

为“提示”角色添加积木块。

导入“时间到”音效。

当接收到“游戏结束”的广播后，播放“时间到”音效，切换“时间到”造型并显示。

随机抽取诗句并提问

首先创建一个变量“当前诗句序号”，它将用来存储诗句的序号。

这里要注意的是，出题的诗句需要随机，并且诗句序号需要为奇数。

这里以前面的6句诗为例。

每行都有一个序号和一句诗，需要从这6句诗中随机选择一句。为了方便作答，还要判断这句诗的序号是不是奇数。

为什么呢？

因为游戏的规则是：出上一句，答下一句。如果题目出了“低头思故乡”，因为这是本首诗的第四句，所以无法答出下一句，那么就无法进行游戏了。因此，这里要限制所选中的诗句是奇数句。也就是1、3、5、7、9等序号的诗句。

小贴士

在数学中，一个整数除以2，如果没有余数就是偶数，例如2、4、6、8等数字，有余数则是奇数，例如1、3、5、7、9等数字。

设置在诗句中随机选择一句，选择的范围是从1至末尾。

诗句的项目数指的是当前列表的项目数，也就是诗句的总数，当前是104，因此左侧积木块是从1～104句诗里选中一句。

为了避免选中偶数，这里要判断当前是不是偶数句。

用当前选中的诗句序号除以2，判断余数是不是0，如果是0则该句诗句是偶数句，那么就要将序号增加1，也就是选中当前诗句的下一句。

例如，如果当前选中的是第2句，2是偶数，那么就将序号增加1，则是选中第3句。

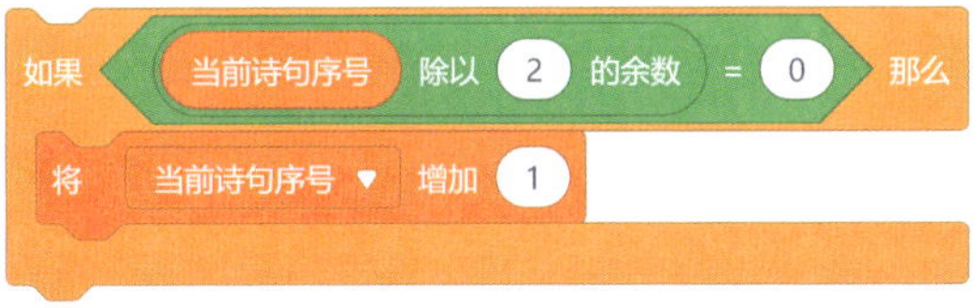

确定了诗句的序号，还需要了解这个序号所对应的诗句的具体内容。

通过左侧的积木块可以获取诗句列表中指定的项，也就是获取大家随机选中的、序号为奇数的一句诗。例如，当前诗句序号为3，则获取诗句列表中的第三句诗。

最后，通过询问积木块可以让诗人问出这句诗。

为了在开始游戏后能够重复地进行询问，需要把上述积木块都放进重复执行积木块中。

完整的积木块如下。

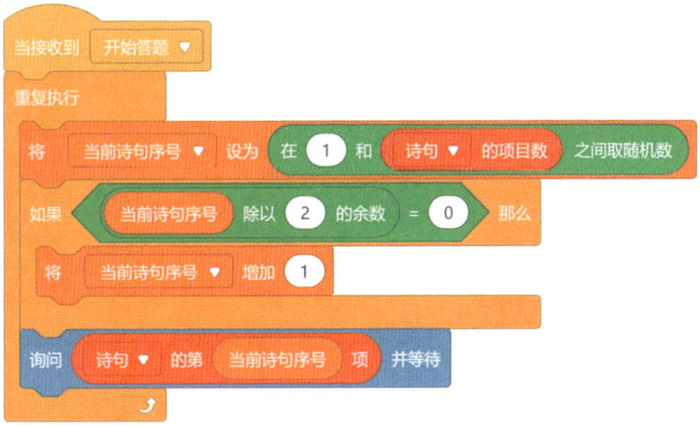

试一试：运行游戏，看一看每次提出的诗句是不是奇数句。

判断回答结果，给出提示

游戏的规则是：出上一句，答下一句，因此只需要判断回答的内容是不是和当前诗句的下一句相同即可。

首先获取当前诗句的下一句诗的序号。

当前诗句的序号增加1即可获得下一句诗的序号。

有了序号，即可获取诗句列表中下一句诗的内容。

接下来只需要对比回答的内容是不是这句诗即可。可以用运算模块中的“等于”积木块，再结合“如果……那么……”积木块判断对错。如果回答正确，分数增加1，发出广播“回答正确”，否则发出广播“回答错误”。

与随机抽取诗句的积木块整合，完整的积木块如下。

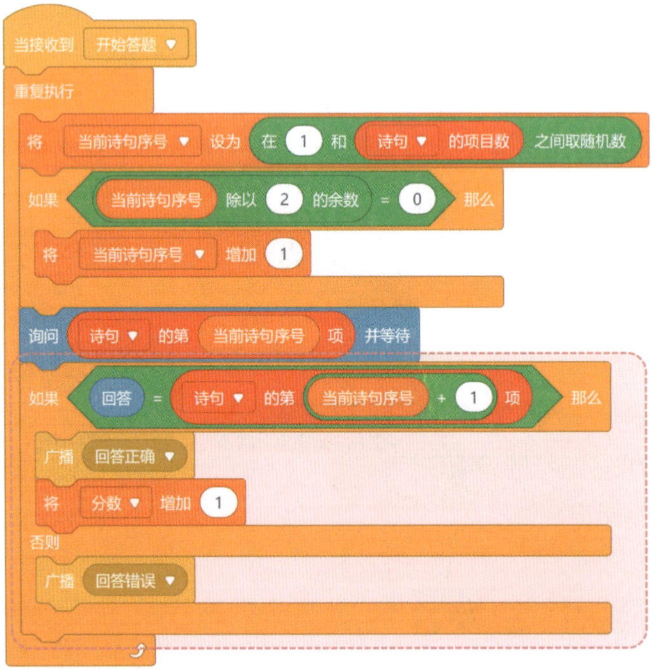

想一想： 游戏规则能改变吗？如果将游戏的规则改为“出上一句，答下一句；出下一句，答上一句”，应该怎样做呢？

最后，为“提示”角色添加积木块。

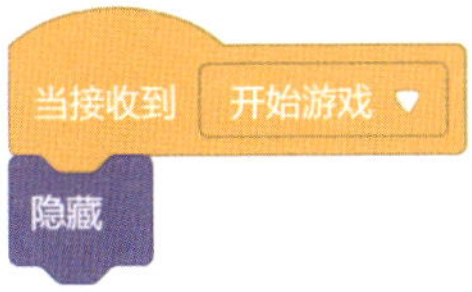

设置在点击小绿旗后，“提示”在舞台中间的位置——置于最前面并隐藏，当接收到“开始游戏”广播时也隐藏。

导入提示音，并为“提示”角色添加积木块。

当接收到“回答正确”或“回答错误”的广播后，播放相应的提示音，并且显示相应的造型，等待0.5秒后隐藏，即显示0.5秒。

测试验证

《对答如流》作品已经完成了，下面请你对程序进行测试，确保游戏能够正常运行。

1. 测试点击小绿旗，点击“开始答题”按钮，游戏是否能够正常启动。
2. 测试诗人提问的诗句是不是奇数句。
3. 测试答对或答错后是否能够给出提示，分数是否能够增加。
4. 测试时间耗尽，游戏是否能够结束。
5. 其他。

观看教学视频

测试	出现的问题	可能的原因	我的解决
第一次测试			
第二次测试			

挑战一下

请你继续优化《对答如流》作品，可以尝试添加如下功能。

1. 添加“再玩一次”功能。

在素材中找到“再玩一次”按钮图片，上传到“开始”角色的造型中，当时间耗尽后出现“再玩一次”按钮，点击该按钮可再次开始游戏。

观看教学视频

2. 增加游戏难度。

改变游戏规则，实现诗人出上一句，而玩家需答出下一句；诗人出下一句，而玩家需答出上一句。

再玩一次效果图

游戏效果图

出谋划策

现在，是时候展示你的《对答如流》游戏作品了！邀请你的家人、朋友、同学和老师体验你的创作，并分享你的编程旅程。通过社交媒体或面对面交流，向他们介绍你的游戏玩法，讲述从构思到完成的全过程，包括你的编程思路、遇到的挑战及你如何巧妙地解决它们。

在分享过程中，积极地与观众互动，询问他们的建议和反馈。保持开放的心态，认真听取每一条意见，无论是表扬还是建议。这些反馈将是你优化作品的宝贵资源。

记住，创作是一个不断学习和进步的过程。保持好奇心和探索精神，不断探索新的创意和功能，使你的作品更加完善。每一次分享和反馈都是你成长的机会，让你的创作之旅更加丰富多彩。

评价与收获

自我评价

回顾学习旅程并思考你的收获。这个环节将帮助你更好地理解你的创作过程，并为未来的作品积累宝贵的经验。请根据实际情况，为星星涂色打分。

序号	评价内容	评　　分
1	我能够清晰地理解游戏规则并编程实现	☆☆☆☆☆
2	我能够利用随机数生成功能来增加游戏的不确定性和趣味性	☆☆☆☆☆
3	我能够熟练使用循环（如重复执行）和条件判断（如如果……那么……）来控制程序流程	☆☆☆☆☆
4	我能够正确地创建和使用变量、列表来存储和操作数据	☆☆☆☆☆
5	我的作品实现了所有预期的功能，如诗句随机抽取、正确答案判断等	☆☆☆☆☆

小收获

你在制作游戏时遇到的最大挑战是什么？你是如何克服这些挑战的？通过这次项目，你学到了哪些新的编程技能或知识？你如何将这些新技能应用到未来的项目中？这次经历如何影响你对编程和创作的看法？你对这个作品完成的成就感如何？你觉得自己在哪些方面做得特别出色？请你写一写自己的收获吧！

Scratch+英语

学习目标

• 熟练使用消息的广播与接收。
• 综合运用“变量+列表”设计作品。
• 运用随机数实现随机提问效果。
• 灵活使用比较运算符和逻辑运算符进行判断。

小阅读

One day, a girl called Tiantian was at home by herself. She wanted to do some housework. First, she cleaned the floor. Then she put the books on the shelf. After that, she made the bed.

When her family came back, they were very happy to see the clean house. They said to Tiantian, “You are a good girl!” Tiantian was very glad.

有一天，一个叫甜甜的女孩独自在家。她想做一些家务。首先，她打扫了地板。然后她把书放在书架上。之后，她整理了床铺。

当她的家人回来时，他们看到干净的房子非常高兴。他们对甜甜说：“你是个好女孩！”甜甜非常开心。

做家务的甜甜

奇思妙想

英语是当今世界上使用最为广泛的语言之一。在全球化的时代，无论是学习、工作还是旅游，英语都起着至关重要的作用。掌握英语可以让人们更好地与世界交流，获取更多的知识和信息。然而，传统的背单词方式往往很枯燥，让很多学生感到厌烦和无助。这时，我们可以将编程和英语学习结合起来，创造一个有趣又实用的背单词小工具。

通过使用Scratch，我们可以设计出一个生动有趣的背单词小工具“万词王”。它可以通过虚拟老师提问的方式，让学生在互动中学习英语单词；也可以随机抽取英语单词或汉语意思进行提问，增加学习的趣味性和挑战性。同时，还可以设置分数机制，激励大家积极参与学习。这样不仅可以让英语学习变得更加有趣，也能让人体验到编程的乐趣和实用。

编程思路

工具设计需求

在开始背单词前，虚拟老师能询问玩家要背的单词数量，并以此确定提问次数。虚拟老师可随机抽取英语单词提问其汉语意思，或者抽取汉语意思提问其英语单词。当回答正确时，分数加1并给出正确提示；当回答错误时，分数不变并给出错误提示。背完单词后给出结束提示。

工具设计步骤

第一步：设计工具界面，导入单词和汉语。

第二步：设置虚拟教师提问次数，随机提问汉语。

第三步：判断玩家回答的英语单词是否正确，给出提示和分数。

第四步：提问结束后，给出结束提示。

第五步：设置虚拟教师随机提问单词。

趣编程

准备界面、单词和汉语

导入背景和“提问英语”和“提问汉语”两个按钮，并将按钮拖到黑板位置。

为“提问英语”和“提问汉语”两个按钮分别添加积木块。当点击小绿旗启动程序后，使这两个按钮显示在黑板上；当角色被点击后，隐藏这两个按钮并发出相应的广播，表示开始某一类题，同时接收到广播后题目分类也应该隐藏起来。

主界面

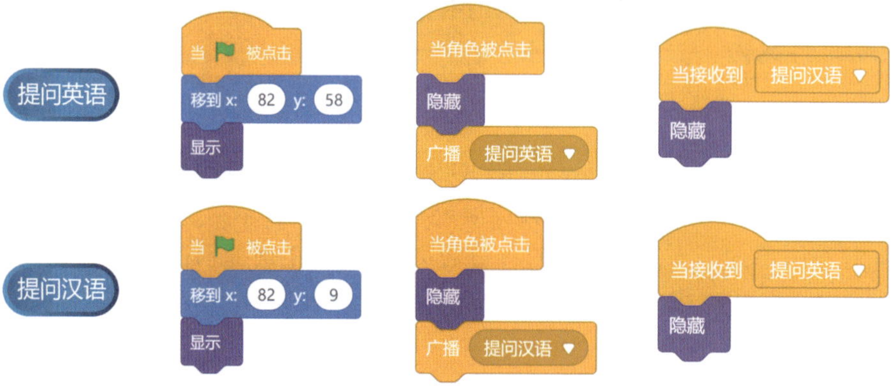

创建“英语”和“汉语”两个列表，分别导入素材包中的单词（50个）和汉语（50个），可以看到，汉语和单词的位置是一一对应的。

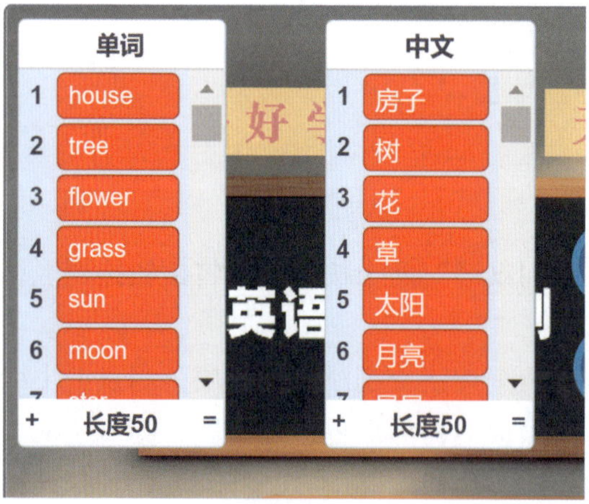

单词和中文列表

小贴士

如果需要增加或删除单词，可以直接在素材包中的文档中修改。使用以下积木块将列表清空，再导入更新后的文档。

Lemon老师随机提问

首先让Lemon老师出现。

导入“Lemon老师”角色，放置在舞台右侧，为她添加积木块，设定其初始位置，点击小绿旗时将其隐藏，当接收到“提问汉语”的广播时显示。

老师出现

接着设置背诵数量。

在下面这段积木块中，老师会询问：“How many words do you want to memorize?”（意思是：你想背多少单词？）接着会通过“重复执行‘回答’次”来控制背诵的进程，重复的次数就是玩家回答的次数。

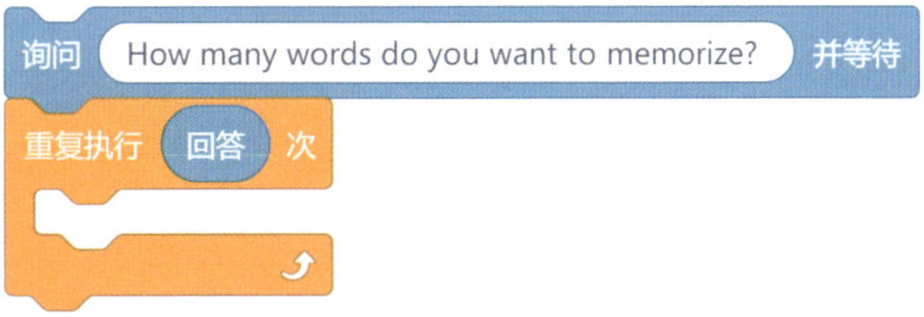

最后设置随机抽取中文。

创建一个名称为“随机” 随机 的变量，它将用来记录一个随机的数字。随机抽取意思是在“中文”列表的第一项到最后一项之间，随机选择一个。这需要两个参数，一是“1”，表示从第一项开始，二是“中文的项目数”，它存储着“中文列表”的数量。上一个环节导入了50个中文词汇到列表中，所以当前它的值是50。

下面的积木块生成了一个在列表数量范围内的数字，将“随机”变量设置为这个数字。但是现在只有一个数字，还没有得到随机的词汇。

创建一个名为“目标” 目标 的变量，它将用来记录当选择的词汇。使用“单词的第‘随机’项”可以获取随机的单词，将“目标”设置为这个单词。

完整的积木块如下。

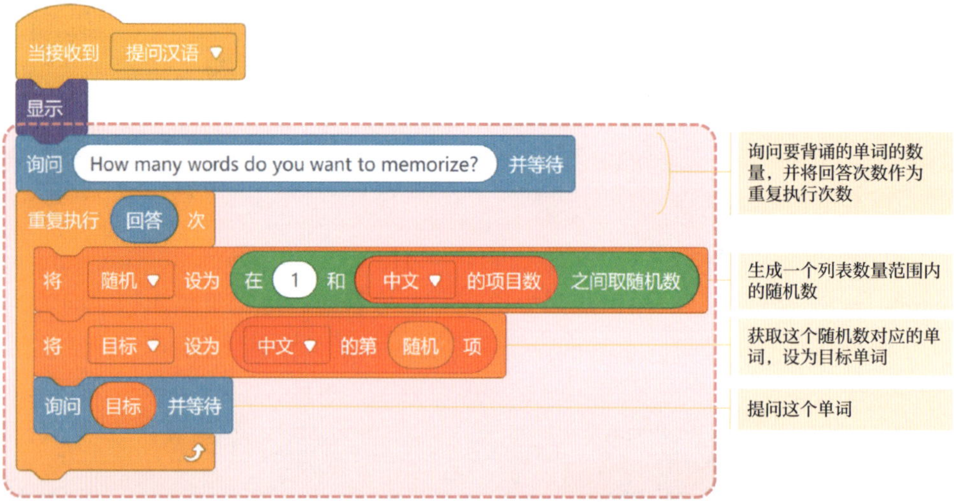

提问要背诵的单词的数量

随机提问汉语

试一试： 点击小绿旗运行程序，点击“提问汉语”按钮，Lemon老师能不能随机提问呢？

判断回答正确或错误

判断玩家是否回答正确，需要对比玩家回答的单词和中文词汇对应的单词是否一致。例如，老师提问的是“狗”，对应的单词应该是“dog”，如果玩家输入的单词是“dog”，那么回答正确，否则回答错误。需要用到如下积木块。

“随机”变量中存储的是一个已经确定的数字，可以作为列表的序号，使用“单词的第‘随机’项”可以获得以这个数字为序号的单词。

创建变量“正确”正确，用于记录回答正确的数量。点击小绿旗时需要先将变量设置为0。

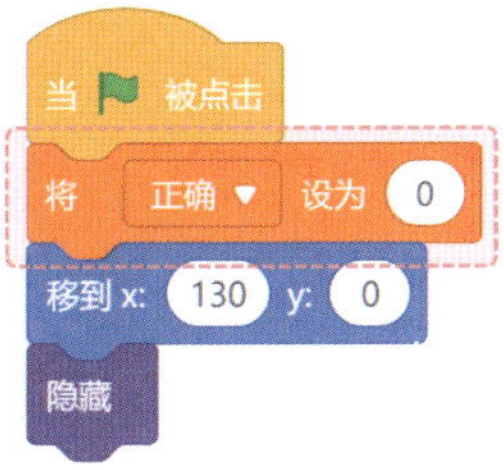

当回答正确时，分数增加1，回答错误，则分数不变。

以下是完整的积木块。

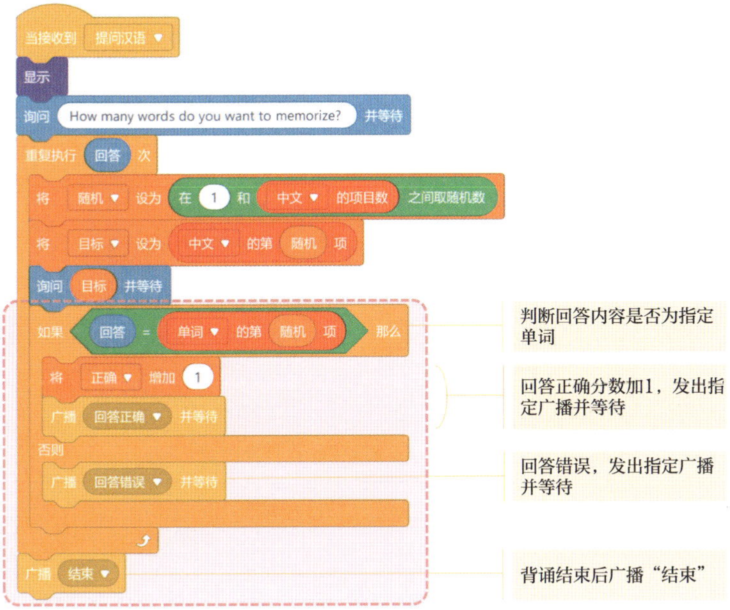

想一想：当回答正确或错误时，为什么不用广播回答正确或广播回答错误，而是选择在这里“等待”呢？

导入“正确”和“错误”造型，将其作为一个“提示”角色，正确提示上写的是“Well done！”（干得好），错误提示上写的是“Sorry”（抱歉）。

正确提示

错误提示

为“提示”角色添加积木块。当点击小绿旗时，设置“提示”角色的位置为中心位置，移到最前面并隐藏。当接收到“回答正确”广播时，换成“正确”造型，显示1秒后再隐藏。当接收到“回答错误”广播时，换成“错误”造型，显示1秒后再隐藏。

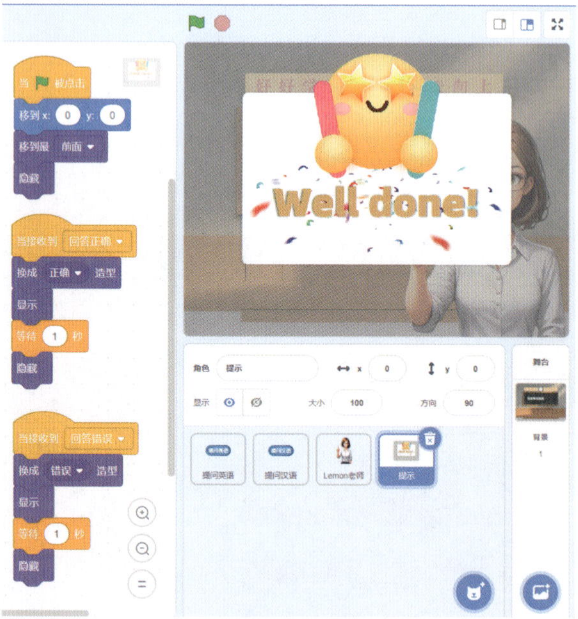

提示效果图

提问结束

在前面的编程中，提问结束时发出了“结束”的广播，接下来设置当接收到这个广播后提示提问结束。

结束提示

将“结束”造型导入“提示”角色，并添加积木块，当接收到“结束”的广播时，换成“结束”造型并显示。

随机提问单词

前面已经设计完成了Lemon老师提问汉语，而玩家回答英语的功能，接下来请你补充Lemon老师提问英语，而玩家回答汉语的功能。

“提问英语，回答汉语”的程序与“提问汉语，回答英语”基本是一致的。需要注意，在判断回答的汉语是否与答案一致时，不可以简单地用“=”判断。

因为英语对应的汉语意思不止一种表述。例如单词“cute”，它有可爱的、机灵的、精明的、漂亮迷人的等意思。如果全部把它们说出来是不容易的。因此可以设定，只要其中一个意思包含答案，就是正确的。

测试验证

“万词王”这个小工具已经完成了，下面请你对程序进行测试，确保游戏能够正常运行。

观看教学视频

1. 输入不同的单词数量，检查程序是否能够按照指定的数量进行提问。

2. 输入正确的汉语意思或英语单词，测试是否能够准确判断为正确回答，并正确地增加分数和给出正确的提示。输入错误的回答，验证是否不增加分数且给出错误的提示。

3. 其他。

测试	出现的问题	可能的原因	我的解决
第一次测试			
第二次测试			

挑战一下

请你继续优化“万词王”这个小工具，可以尝试增加如下功能。

增加错题本功能。

当回答错误时，将单词或中文添加到错题本中，在背诵结束后弹出错题本。

观看教学视频

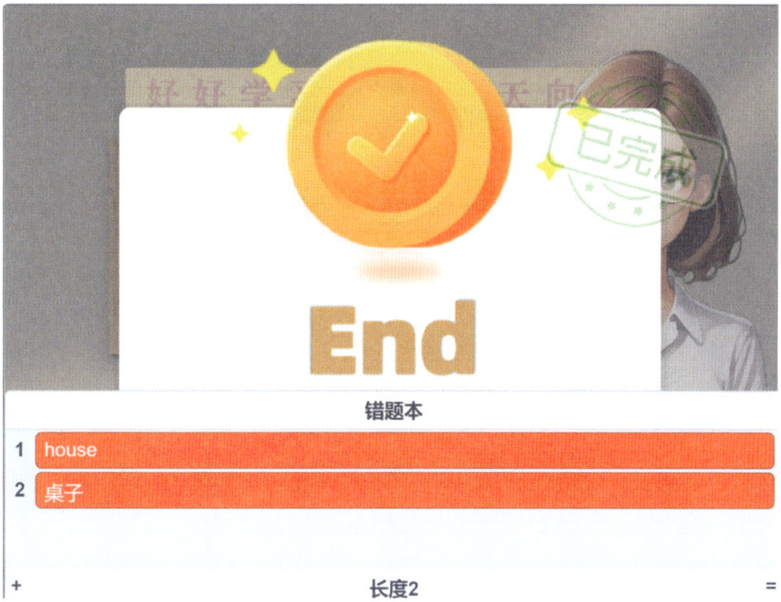

错题本功能效果

出谋划策

现在，是时候展示你的“万词王”小工具了！邀请你的家人、朋友、同学和老师体验你的创作，并分享你的编程旅程。通过社交媒体或面对面交流，向他们介绍如何开始背单词，讲述从构思到完成的全过程，包括你的编程思路、遇到的挑战及你如何巧妙地解决它们。

在分享过程中，积极地与观众互动，询问他们的建议和反馈。保持开放的心态，认真听取每一条意见，无论是表扬还是建议。这些反馈将是你优化作品的宝贵资源。

记住，创作是一个不断学习和进步的过程。保持好奇心和探索精神，不断探索新的创意和功能，使你的作品更加完善。每一次分享和反馈都是你成长的机会，让你的创作之旅更加丰富多彩。

评价与收获

自我评价

回顾学习旅程并思考你的收获。这个环节将帮助你更好地理解你的创作过程，并为未来的作品积累宝贵的经验。请根据实际情况，为星星涂色打分。

序号	评价内容	评　分
1	我能够利用随机数设置随机提问英语或汉语	☆☆☆☆☆
2	我能够理解并使用“广播……并等待”	☆☆☆☆☆
3	我能够灵活运用逻辑运算或比较运算判断回答的正确性	☆☆☆☆☆
4	我的作品实现了所有预期的功能	☆☆☆☆☆

小收获

你在制作作品时遇到的最大挑战是什么？你是如何克服这些挑战的？通过这次项目，你学到了哪些新的编程技能或知识？你如何将这些新技能应用到未来的项目中？这次经历如何影响你对编程和创作的看法？你对这个作品完成的成就感如何？你觉得自己在哪些方面做得特别出色？请你写一写自己的收获吧！

第四章　Scratch编程思维提升

编程思维与作品设计

至此，你已完成90%的Scratch知识的学习，你完成了很多作品，有动画、游戏、小工具等，回头想想，你在设计这些作品时有什么规律？有什么启发？

____

____

____

一、什么是编程思维

在学习使用Scratch编程的过程中，理解编程思维是至关重要的，它是每个人创作优秀作品的基础。那么，什么是编程思维呢？

小贴士

编程思维是一种解决问题的思考方式，它强调将复杂的问题分解为更小的、可管理的部分，通过逻辑推理和算法设计来寻找解决方案。它注重思维的条理性、逻辑性和创新性，追求简洁、明确和高效的代码实现。

编程思维就像一把神奇的钥匙，能帮助大家轻松打开解决各种问题的大门，它主要包含问题分解、模式识别、抽象化、算法设计等思维活动。接下来让我们一起深入探索吧！

（1）分解问题。比如，要制作一个小鸟飞翔的简单动画。看起来好像有点复杂，但只要把它分解成一个个小步骤，就会变得容易很多。首先确定小鸟的起始位置，再想想小鸟翅膀扇动的动作怎么设计，然后加上蓝天背景，再设定小鸟飞翔的速度和轨迹。这样一步一步来，是不是觉得没那么难啦？

（2）模式识别。在玩游戏的时候，你们有没有发现有些地方很相似呢？比如在好多小游戏里，都有主角收集宝贝、打败小怪兽得分的环节。例如，在《海底危机》中，小鱼碰到辐射物就失败和《排球挑战》中排球碰到地板游戏结束是不是相似？如果能认出这些相似的地方，就能省不少力气，因为可以重复使用一些代码和办法。

（3）抽象化。抽象化就是把复杂的现实情况变得简单易懂。就像学生在整理书包时，只关心书本、文具这些重要物品，而不会过于在意书包的颜色、款式等细节，这就是一种抽象化的思维。比如，在制作记录零花钱的小工具“精打细算”时，就可以把零花钱、用途这些东西变成简单的数字和文字，只关心最重要的部分，这样就能更轻松地写出程序啦。

（4）算法设计。算法就像是给程序找到最佳行动方案。比如，在《跨栏高手》里，为了让运动员的移动看起来真实，就使用了“相对运动”，让背景移动，但从视觉上好像运动员在移动。另外，也要设计好运动员的奔跑速度、起跳时机，以及栏的高度和间距。如果运动员跑得太快或太慢，或者栏的设置不合理，游戏体验就会很差。还有，假如要把列表中的一堆数字从小到大排列，有冒泡排序、选择排序等不同的方法。冒泡排序就像水里的泡泡，小的数字一点点往上“冒”；选择排序就像挑东西，每次都选最小的数字放到前面。通过巧妙的算法设计，游戏和动画会更加精彩和有趣。

在生活中，这种思维方式也很实用，比如，在准备旅行时，可以将行程规划分解为订票、预订酒店、安排景点游览等小任务；在准备生日派对的时候，可以把它分成选场地、准备食物、邀请朋友这些小步骤。写作业的时候，也能找出经常出现的题目类型，重点练习。编程思维的培养有助于学生适应数字化时代，提高解决问题的能力和创新能力，未来思维将是核心竞争力。

小贴士

在当今的数字化时代，编程思维和信息科技核心素养紧密相连，相互促进。

编程思维是培养计算思维的重要途径。通过编程实践，孩子们学会用计算机能够理解的方式去思考和解决问题，有助于提升孩子们的逻辑推理和系统设计能力。例如，在编写一个排序算法的过程中，需要深入思考数据的结构和处理流程，这正是计算思维的体现。

编程思维对于培养信息意识也具有重要作用。孩子们在运用编程来解决问题时，首先需要敏锐地感知到信息的需求和价值，明确需要处理哪些数据，以及如何获取这些数据。这能让孩子们更加主动地关注信息，提高对信息的敏感度和判断力。

在数字化学习与创新方面，编程思维是创新的基础。它鼓励孩子们尝试不同的方法和思路来解决问题，培养他们的创新能力。借助编程，孩子们可以创造出新颖的应用和解决方案，推动数字化学习的发展。

同时，编程思维也有助于孩子们树立信息社会责任意识。在编程过程中，孩子们需要遵循道德和法律规范，考虑程序可能带来的影响，尊重他人的知识产权和隐私，从而培养良好的信息社会责任感。

二、Scratch作品设计

结合编程思维，大家一起来探索如何用 Scratch 创作出精彩的作品吧！

（一）编程准备

首先，想一想是什么让你有了创作的冲动？你创作的目的又是什么？是想要解决一个难题，比如设计一个能自动安排学习计划的工具；还是想要表达自己内心的想法，比如通过动画展现对大自然的热爱，或者呼吁大家保护受污染的大海；抑或是想创造出一个完全想象中的奇妙世界？

明确目的后，决定要做的作品类型，是有趣的游戏，像《太空冒险》，玩家要操控飞船躲避陨石；还是精彩的动画，比如《森林的四季》，展示森林在不同季节的美景；还是实用的工具，例如“单词记忆助手”，帮助大家更好地背单词。

接下来对作品进行具体的需求分析。如果是《太空冒险》游戏，要确定飞船的速度、陨石出现的规律等；如果是《森林的四季》动画，要想好每个季节的特色元素和变化顺序；对于“单词记忆助手”工具，要明确需要支持的单词类型和记忆方式。

同时，准备好可能需要的材料，比如相关的图片、音效等，根据作品的需求，收集或创建所需的素材，包括图片、声音、字体等。如果是一个以古代为背景的游戏，可能需要收集古装角色的图片、古典音乐等素材。对于一个科普动画，可能需要收集相关的科学图片和解说音频。同时，也要注意素材的版权问题，尽量使用免费可商用的素材、自己创作或者使用AI生成需要的素材。

（二）编程开发

1. 团队合作（如果有）

如果是团队合作，要明确每个人的分工，相互交流和协作，例如谁做哪一部分的逻辑，谁来设计所需要的素材。

2. 分解问题

把整个作品分解成一个个小的任务，需要注意明确每个小任务的具体目标和关键要点，避免任务过于模糊或复杂。对于一些难点，如游戏中的碰撞检测算法，要提前进行深入思考和设计。以《太空冒险》游戏为例，分解为飞船的移动控制、陨石的生成与移动、得分与生命值的计算等。根据作品的复杂程度，决定是迭代式开发还是逐步开发。

（1）迭代式开发：先搭建出基本的游戏框架，让玩家能够在简单的星际场景中移动并躲避陨石，不考虑复杂的特效和美观度，甚至可以用一个蓝色的圆表示飞船，用黄色的圆表示陨石。然后逐步添加陨石的动态效果、实现障碍物的多样化、使用精美的背景图等。

（2）逐步开发：按照分解的任务，一个一个完成，先搞定玩家控制模块，确保操作流畅；再处理陨石生成与消失逻辑，保证游戏的趣味性；接着实现障碍物碰撞检测，增加挑战性；最后完成得分与排行榜系统，提升玩家的竞争欲望。

3. 算法设计与代码实现

针对每个小任务，设计合适的算法并用代码实现。比如在制作“单词记忆助手”工具中，设计高效的单词查找和匹配算法。

4. 测试优化

完成一部分功能就进行测试，检查是否有错误或者不合理的地方，及时优化。

（三）编程后续

作品完成后，不要藏着，要大胆分享给小伙伴们，清晰地向他们介绍作品的创意和功能，认真收集他们的意见，比如操作是否方便、画面是否吸引人等。在实际使用中，注意观察有没有出现问题，比如程序突然卡顿、功能无法实现等。把这些意见和问题整理好，在后续的开发中进行优化，避免再犯同样的错误，让作品越来越完美。

实战任务

观看教学视频

随着人类对宇宙的探索不断深入，太空垃圾问题日益凸显。太空垃圾主要包括废弃的卫星、火箭残骸及其他碎片等，在太空中自由地漂浮。这一问题不仅关乎环境保护，更关系到航天安全。这些废弃物以极快的速度在太空中移动，若不加以控制，它们可能对航天器和航天员构成重大威胁。微小的碎片可能撞击航天器表面，造成损伤；而较大的碎片则有潜在的撞击风险，对航天员的生命安全构成直接威胁。

被垃圾包围的地球

作品主题：《太空清洁工》

作品类型：游戏

作品概述：玩家将扮演太空航天员，驾驶着先进的飞船在浩瀚的宇宙中执行太空垃圾收集任务。在这个过程中，玩家需要巧妙地操控飞船，发射收集网来捕捉太空垃圾，同时要小心避开快速移动的垃圾，以免飞船受损。随着关卡的推进，太空垃圾的数量和速度会逐渐增加，挑战的难度也会越来越大。

你了解本次任务了吗？以下内容将引导你构建一个太空垃圾清理游戏，有些思路和想法（需求）已经呈现，若你认同，可以选择打钩，若有其他想法，请你补充或者修改。下面开始编程实战吧！

任务开始！

阶段1 编程准备

灵感来源：随着人类对太空的探索不断深入，太空垃圾的数量也在急剧增加，这些垃圾不仅会对太空飞行器构成威胁，还可能对地球的安全造成潜在影响。

明确目的：这款游戏的灵感来源于人们对太空环境的关注和对环保的责任感。通过这款游戏，让玩家了解到太空也有垃圾，体验到太空垃圾清理的重要性和紧迫性。同时通过游戏提高玩家的反应能力和手眼协调能力。

确定类型：游戏。

★ 需求分析：

1. 飞船的精确控制，包括移动、转向和发射收集网的操作：____________________

（填写控制飞船的具体方式，如使用键盘方向键或鼠标控制等。）

2. 太空垃圾的随机生成，包括位置、速度和类型：____________________

（填写太空垃圾生成的相关参数，如生成的范围、速度的变化范围等。）

3. 收集网与太空垃圾的碰撞检测，以及成功收集后的得分计算：____________________

（填写碰撞检测的实现方式和得分计算的规则。）

4. 飞船与太空垃圾的碰撞检测，以及碰撞后生命值的减少和失败判定：____________________

（填写碰撞检测的具体条件和生命值减少的规则。）

5. 是否有设计了多个关卡的？每个关卡具有不同的难度和目标：____________________

（填写关卡设计的思路，如不同关卡的垃圾数量、速度等变化。）

6. 游戏界面的设计，包括得分、生命值、关卡进度等信息的显示：____________________

（填写游戏界面的布局和显示内容的具体形式。）

7. 补充或修改：____________________

★ 准备材料

1. 太空背景图片，包括星星、星云等元素，营造出浩瀚宇宙的氛围。____________________

（填写图片的获取方式或自己绘制的想法。）

2. 飞船、地球和各种太空垃圾的图片，确保它们具有鲜明的特点和辨识度。____________________

（填写图片的样式或特点。）

3. 相关音效，如飞船发动机的轰鸣声、收集网发射的声音、太空垃圾碰

撞的声音等，增强游戏的沉浸感。__________________________________

____

（填写音效的来源或制作方式。）

4. 游戏音乐，选择节奏紧张、刺激的音乐，以增加游戏的紧张感和趣味性。____

（填写音乐的风格或选择的依据。）

5.补充或修改：____

____

阶段2 编程开发

★ 分解问题

1. 游戏界面基本设计：背景、飞船、地球、垃圾等素材的导入，以及是否提供游戏开始、暂停、重新开始等功能按钮。

2. 飞船控制模块：实现飞船的全方位移动和收集网的发射功能。

3. 垃圾生成与移动模块：根据关卡难度和进度（若有），随机生成不同类型和速度的太空垃圾，并使其在太空中按照特定的轨迹移动。

4. 碰撞检测模块：准确检测收集网与太空垃圾的碰撞，以及飞船与太空垃圾的碰撞。

5. 得分与生命值计算模块：根据收集网成功收集垃圾的数量计算得分，同时根据飞船与太空垃圾的碰撞次数减少生命值。

6. 关卡设计模块（若有）：设计多个具有不同难度和目标的关卡，如收集一定数量的垃圾、在规定的时间内完成收集任务等。

7.补充或修改：____

____

开发方式选择：采用逐步开发的方式，先构建基本的游戏框架，确保飞船控制和垃圾生成等核心功能正常运行，然后逐步添加关卡设计、碰撞检测、得分计算等功能，最后进行优化和美化。

算法设计与代码实现如下。

1. 飞船控制算法：使用跟随鼠标指针移动或者按键控制等方式控制飞船。

2. 垃圾生成算法：使用随机数与坐标确定生成垃圾的位置、移动速度和类型（造型），确保每个关卡的垃圾分布具有挑战性。

3. 碰撞检测算法：采用颜色碰撞判断、物体碰撞判断或坐标检测等方式，判断收集网、飞船与太空垃圾之间的碰撞情况。

4. 得分计算算法：根据收集网成功清理垃圾的数量和类型，给予相应的得分奖励。

5. 生命值减少算法：根据飞船与太空垃圾的碰撞次数，按照一定的比例减少生命值。

6. 补充或修改：______________________________

____

★ 测试优化

1.进行多次测试，检查飞船控制的灵敏度、垃圾生成的合理性、碰撞检测的准确性、得分计算的公正性，以及游戏界面的友好性。

2.邀请朋友、家人、同学进行试玩，收集他们的反馈意见，如游戏难度是否适中、操作是否便捷、画面是否美观等。

3.根据测试和反馈结果，对游戏进行优化调整，如调整垃圾生成的速度和数量、优化飞船控制的响应速度、改进游戏界面的布局等。

阶段3　分享迭代

分享作品：将游戏发布到学校的网站、编程社区或相关的游戏平台上，与更多的人分享。

请简要写下你对自己作品的介绍：______________________________

____

____

收集反馈：通过在线评论、问卷调查等方式，收集玩家对游戏的反馈意见，了解他们对游戏的喜好程度、认为需要改进的地方，以及希望增加的功能。

序号	建议人	建议内容	是否采用
1			
2			
3			

迭代更新：根据收集到的反馈意见，对游戏进行迭代更新，如增加新的关卡、道具、飞船皮肤等，以提升游戏的趣味性和可玩性。

版本	未来迭代计划	预计完成时间	是否完成
V1.0			
V2.0			
V3.0			